江西理工大学清江学术文库

# 可靠性分布模型参数的 Bayes 统计推断研究

任海平　著

北　京

冶金工业出版社

2021

## 内 容 提 要

本书系统研究了几类可靠性分布在完全样本、截尾样本、无失效样本以及模糊数据情形下参数的 Bayes 估计问题。主要内容包括：完全样本情形下的几类可靠性分布（广义 Pareto 分布、艾拉姆咖分布、比例危险率模型和 Laplace 分布）模型参数的 Bayes 估计问题，逆 Rayleigh 分布参数的经验 Bayes 双侧检验和一类特殊的单参数指数分布族的经验 Bayes 估计问题，不完全样本情形下的可靠性分布模型参数的 Bayes 统计推断问题，以及指数分布模型参数的模糊 Bayes 估计和 Bayes 假设检验问题。

本书可供从事统计工作的工程技术人员阅读，也可供高校相关专业师生参考。

**图书在版编目 (CIP) 数据**

可靠性分布模型参数的 Bayes 统计推断研究/任海平著.
—北京：冶金工业出版社，2020.1（2021.3 重印）
ISBN 978-7-5024-8346-3

Ⅰ.①可… Ⅱ.①任… Ⅲ.①贝叶斯估计—研究
Ⅳ.① O211.67

中国版本图书馆 CIP 数据核字（2019）第 294936 号

出 版 人　苏长永
地　　址　北京市东城区嵩祝院北巷 39 号　邮编　100009　电话　(010)64027926
网　　址　www.cnmip.com.cn　电子信箱　yjcbs@cnmip.com.cn
责任编辑　杨　敏　美术编辑　彭子赫　版式设计　禹　蕊
责任校对　李　娜　责任印制　李玉山
ISBN 978-7-5024-8346-3
冶金工业出版社出版发行；各地新华书店经销；北京建宏印刷有限公司印刷
2020 年 1 月第 1 版，2021 年 3 月第 3 次印刷
169mm×239mm；8.75 印张；167 千字；129 页
**45.00 元**

冶金工业出版社　投稿电话　(010)64027932　投稿信箱　tougao@cnmip.com.cn
冶金工业出版社营销中心　电话　(010)64044283　传真　(010)64027893
冶金工业出版社天猫旗舰店　yjgycbs.tmall.com
（本书如有印装质量问题，本社营销中心负责退换）

# 前　　言

Bayes 统计推断理论是引进先验信息来处理统计决策问题的统计方法，现在它已发展成为一套较为完整的理论体系，并被越来越多地应用于各个领域，如可靠性工程、抽样调查、多元生物检测和医疗诊断等。虽然已有很多文献对常见的可靠性分布模型参数进行了 Bayes 统计推断研究，但研究还不够深入，同时基于逐步 Ⅱ 型截尾寿命试验、无失效数据和记录值数据样本的可靠性分布模型参数的 Bayes 统计推断的研究也不够深入，对于一些不常见但也很重要的可靠性分布，如艾拉姆咖分布、逆 Rayleigh 等的研究结果很少。为此本书将针对上面所提及的问题进一步深入研究可靠性分布参数的 Bayes 统计推断理论，这样一方面可以丰富和发展 Bayes 统计决策理论，另一方面可以将所得的结果应用到诸如寿命预测、质量控制、风险理论等领域，给决策者提供咨询和参考。

本书的内容编排如下：第 1 章是绪论，主要介绍 Bayes 统计推断理论研究的背景意义和国内外研究现状等内容。第 2 章介绍 Bayes 统计推断的基本理论知识。第 3 章探讨完全样本情形下的几类可靠性分布（广义 Pareto 分布、艾拉姆咖分布、比例危险率模型和 Laplace 分布）模型参数的 Bayes 估计问题，以及逆 Rayleigh 分布参数的经验 Bayes 双侧检验和一类特殊的单参数指数分布族的经验 Bayes 估计问题。第 4 章在不完全样本情形下研究了可靠性分布模型参数的 Bayes 统计推断问题。在逐步递增的 Ⅱ 型截尾样本下研究了比率危险率模型参数的 Bayes 估计问题，并提出了 Bayes 收缩估计法；在无失效数据下，分别研究了指数分布和二项分布参数的 Bayes 估计问题；在记录值样本下探讨了对称熵损失函数下指数分布参数的 Bayes 估计并在适当条件下考察了一类线性估计的可容许性。第5章研究了指数分布模型参数的模糊 Bayes 估计和 Bayes 假设检验问题，分别发展了基于刻度误差损失函数的指数分布参数的模糊 Bayes 估计和基于 Quasi 先验分布的指数分布的参数模糊假设的序贯 Bayes 检验方法。第6章为总结和研究展望。

　　本书的出版和有关研究得到了国家自然科学基金（71661012）、江西省教育厅科学研究重点项目（GJJ170496）和江西理工大学学术著作出版基金资助计划的资助，同时江西理工大学的领导和同事对本书的撰写和出版给予了极大的关心和支持，在此一并表示感谢。另外，在撰写过程中参考了有关文献，对文献作者表示感谢。

　　由于作者水平有限，书中不足之处，敬请读者批评指正。

作　者
2019 年 9 月

# 目　　录

# 1 绪 论

## 1.1 研究背景及意义

近年来，Bayes 统计推断理论已经被应用到诸如可靠性工程、抽样调查、多元生物检测、医疗诊断和军事等各个领域。Bayes 统计是在进行统计分析时将专家经验以及历史数据信息作为先验信息来处理统计推断问题的统计方法，由于其应用的广泛性和良好的统计推断性质，近半个世纪以来吸引了众多学者的关注和研究，并已发展成为一套较为完整的统计推断理论体系，被越来越多地应用于各个领域。虽然已有很多文献对常见的可靠性分布模型参数进行了 Bayes 统计推断研究，但研究还不够深入，同时基于逐步 II 型截尾寿命试验、无失效数据和记录值数据样本的可靠性分布模型参数的 Bayes 统计推断的研究还不够深入，对于一些不常见但也很重要的可靠性分布，如 Minimax 分布、Levy 分布等的研究结果很少。为此本书针对上面提及的问题进一步深入研究可靠性分布参数的 Bayes 统计推断理论，这样一方面可以丰富和发展 Bayes 统计决策理论，另一方面可以将所得的结果应用到诸如寿命预测、质量控制、风险理论等领域，给决策者提供咨询和参考。

## 1.2 国内外研究现状

近年来，各类可靠性分布模型参数的 Bayes 统计推断问题得到了很多国内外学者的关注和研究。研究内容主要包括：基于完全样本的可靠性模型参数的 Bayes 统计推断研究、基于截尾数据和无失效数据等不完全数据信息的分布模型参数的 Bayes 统计推断研究，以及基于模糊数据信息的 Bayes 统计推断研究等。

### 1.2.1 基于完全样本的可靠性分布模型参数的 Bayes 统计推断研究

基于完全样本的 Bayes 统计推断研究的参考文献众多，几乎涉及了所有可靠性分布参数的统计推断问题。但绝大部分文献都是在平方误差损失函数下研究参数的 Bayes 统计推断问题[1~5]。而在估计可靠性和失效率等情形时，高估比低估会带来更大的损失，为此需要发展非对称损失函数。常见的非对称损失函数有 LINEX 损失、熵损失函数等[6,7]。同时作为 Bayes 统计推断的重要组成部分，提出合理有效的对称和非对称损失函数也是非常有必要的，近年来也有学者提出了一些新的损失函数，如平衡误差损失函数、刻度误差损失函数等，在这些损失函数下进行可靠性模型参数的 Bayes 统计推断研究成为 Bayes 统计推断的一个研究热点方向[8~11]。如李鹏波等[12]在平方误差损失函数下研究了正态分布总体参数的 Bayes 估计，将验前可信度信息加入到参数先验分布的假设，提出的一种新的 Bayes 估计算法，发现比传统 Bayes 估计算法的估计精度上有明显的改善。汤银才和侯道燕[13]在平方误差损失函数下研究了三参数 Weibull 分布参数 Bayes 估计问题，分别提出了基于 Laplace 数值积分和 Gibbs 抽样的 Bayes 估计近似计算方法。Ren 和 Chao[14]提出了基于 LINEX 损失函数的一类新的对称损失函数并应用于指数分布失效率参数可寿命绩效指标的 Bayes 估计问题。更多这方面的研究参考文献 [15~18]。

### 1.2.2　基于不完全样本的可靠性分布模型参数的 Bayes 统计推断研究

由于科技的进步，制造技术水平越来越高，传统的寿命试验不但耗时，还需要大量的人力、物力和财力，为此现在大多数寿命试验采用截尾寿命试验，得到的是截尾数据样本，甚至有时寿命试验结束时仍没有产品失效，得到的是无失效数据（Zero-failure Data），还有的时候只能得到记录值（Record Value）及删失数据（Censored Data）等，这里我们把以上情形的数据样本统称为不完全数据样本。

定数截尾和定时截尾试验是两种最常见的截尾寿命试验类型。最近十多年来，逐步递增的 II 型截尾寿命试验（Progressively Type II Censoring Test）引起了很多学者的关注和研究[19~25]。基于逐步 II 型截尾样本，师小琳[19]将 Bayes 方法与经典统计方法相结合考察了一类部件寿命服从指数分布的表决系统可靠性指标的 Bayes 估计问题，并在平方误差损失函数下，导出了各类可靠性指标，如部件失效率、平均寿命等的 Bayes 和经验 Bayes 估计。王亮和师义民[20]分别在平方误差损失和 LINEX 损失函数下，讨论了比例危险率模型的参数的 Bayes 估计问题，并利用 ML-II 方法获得了参数和可靠性指标的经验 Bayes 估计。蔡静等[21]假设串联系统由寿命服从两参数 BurrXII 分布的部件组成，两个参数均未知，讨论了部件参数与系统可靠度的 Bayes 统计推断问题，通过构造辅助变量并采用 Gibbs 抽样导出了部件参数及系统可靠度的 Bayes 估计和最大后验概率密度（HPD）信赖区间。Seo 等[22]研究了具有浴缸形失效率的分布模型参数的 Bayes 统计推断问题，其首先利用共轭先验分布的层次结构，考虑了一类柔性先验，得到了相应的后验分布；然后，基于平方误差损失函数，推导出以超参数为共轭先验参数的未知参数的 Bayes 估计；最后为消除超参数，提出了分层 Bayes 估计方法，通过蒙特卡罗方法对各种截尾方案进行了仿真，并基于均方误差对这些估计进行了比较，发现新提出的估计更具稳健性。

无失效数据是由定时截尾寿命试验获得的数据，基于该数据的可靠性分布模型参数的 Bayes 统计推断问题也是近 20 年来可靠性分析中的一个研究热点[26~30]。基于无失效数据样本，Han[27] 介绍了一种新的估计分布可靠性的方法，即期望 Bayes（Expected Bayesian，E-Bayes）方法，其首先给出了可靠性的 E-Bayes 估计的定义，然后在此基础上，讨论了二项分布可靠性的 E-Bayes 估计和多层 Bayes 估计。蔡忠义等[28] 将加权最小二乘法和期望 Bayes 方法结合，提出了一种新的 Bayes 估计方法，并讨论了 Weibull 分布参数和产品可靠性指标的 Bayes 点估计和 Bayes 区间估计问题。Xu 和 Chen[29] 采用双边修正 Bayes（M-Bayesian）信赖区间方法，研究了指数分布无失效数据下失效率和可靠性的区间估计。

记录值是刻画随机变量序列变化趋势的一个重要的数值，其定义最早由 Chandler（1952）给出，现已被广泛应用到诸如水文学、气候学、地震、保险精算、机械工程以及体育等领域[31~35]。如在保险业中，通常假定索赔额序列是服从某个重尾分布的正值独立同分布的随机变量序列，根据破产理论，导致保险公司破产的往往是那些以小概率发生的大额索赔，因此，大额索赔的发生规律是破产理论的重要研究内容之一，其中包括对记录值分布规律的研究；在气象学中研究降雨（雪）量，我们可以由到目前为止所得到的测量值（记录值）来预测未来的降雨（雪）量等。对记录值的研究，引起很多学者的兴趣。基于记录值样本，王琪和黄文宜[36] 讨论了广义指数分布参数的 Bayes 估计问题，在贝塔先验分布和平方误差损失、LINEX 损失函数下，导出了参数的 Bayes 和经验 Bayes 估计。王亮等[37] 在对称和非对称损失函数下讨论了 Burr XII 分布可靠性指标的 Bayes 估计问题，并针对超参数未知情形给出了一种确定超参数值的新方法。Nadar 和 Kizilaslan[38] 研究了 Kumaraswamy 分布的应力强度干涉模型可靠度 $P(X < Y)$ 的 Bayes 估计问题，在假定参数的先验分布为共轭先验分布和无信息先验分布，损失函数为平方误差和 LINEX 损失函数下得到了可靠度的 Bayes 估计。Solimana[39] 在平方误差损失、LINEX 损失和熵损失函数下，研究了 Rayleigh 分布的一些寿命参数，如可靠性和危险率函数的 Bayes 估计问题。

综上，基于不完全样本数据，特别是逐步递增的 II 型截尾数据和记录值样本的 Bayes 统计推断研究还主要是讨论指数分布、Rayleigh 分布、Weibull 分布等常见的可靠性分布模型参数的 Bayes 统计推断，且大部分还只局限于在平方误差损失函数、LINEX 损失、熵损失、对称熵等常见损失函数下研究，在其他一些损失函数，如预警损失（Precautionary Loss）、有界误差损失函数等的 Bayes 统计推断的研究结果还不太多，研究的也还不够深入。另外，有些分布，如 Levy 分布、Minimax 分布等虽很重要，但关于这些分布模型参数及可靠性指标的 Bayes 统计估计和假设检验等问题还有很多值得深入探讨的地方。

### 1.2.3　基于模糊数据信息的可靠性分布模型参数的 Bayes 统计推断研究

模糊集由 Zadeh 教授于 1965 年首次提出，自此模糊集理论得到很多关注和研究，其应用几乎渗透到人们生活的方方面面和各个领域[40~45]。模糊集可以很好地刻画不精确信息，在统计推断中将模糊性引入观测值或假设中，可以更好地刻画客观实际情形。将 Bayes 方法与模糊集理论相结合的模糊 Bayes 统计推断理论在最近十多年来不论是理论研究还是应用研究都吸引了很多专家和学者的兴趣。刘建中等[46]运用模糊综合评判方法给出了模型分布参数的先验分布确定方法，并给出了一种基于小样本试验数据确定疲劳寿命分布的 Bayes 可靠分析方法。王燕飞[47]在总体方差已知、总体均值为正的假设下，利用最大熵方法获得了均值参数的先验分布，讨论了正态总体参数的多重模糊 Bayes 假设检验问题。吴进煌和刘海波[48]考虑到导弹在储存过程中可用的故障数据量少，无故障储存时间存在模糊性的特点，引入模糊 Bayes 统计理论对导弹储存模型的可靠性进行了分析，构建了导弹储存可靠性 Bayes 预测模型。Wu[49]将模糊参数假定为具有模糊先验分布的模糊随机变量，提出了系统可靠性的模糊 Bayes 点估计方法。李正等[50]在对指数分布模型进行参数估计时，通过引入模糊加权系数提出了基于模糊加权最小二乘估计法的模糊加权失效率的估计式。由于失效概率的确定对参数的估计结果有较大的影响，以减函数法确定失效概率的先验分布进而导出失效率的 Bayes 估计，进而进行模糊加权线性回归。通过应用实例分析发现模糊回归结果比普通的线性回归结果更接近工程实际。Lee 等[51]基于定数截尾样本，讨论了来自正态分布但是样本数据为模糊数情形的产品寿命绩效指标 $C_L$ 的最大似然估计以及假设检验问题，并给出了该类模型的产品品质绩效的检验程序。基于模糊数据信息的统计推断研究虽然近年来得到了部分学者的关注，但是应用 Bayes统计研究的结论还很少，基本上只局限于对平方误差损失函数进行探讨和研究，基于其他损失函数得到的可靠性分布模型参数的模糊 Bayes 估计的结论就更少。模糊 Bayes 假设检验的研究也还不够深入，因而研究可靠性分布模型参数的模糊 Bayes 统计推断不但可以丰富和发展 Bayes 统计推断理论，还可以为工程师在处理分布含有模糊数据信息的问题时提供决策参考。

## 1.3　本书的主要研究内容

本书的主要研究内容包括：

（1）在完全样本情形下探讨了几类可靠性分布模型参数的 Bayes 估计问题。例如：提出了一类复合 LINEX 对称损失函数，并在此损失函数下研究了 Laplace分布模型参数的 Bayes 估计问题；在艾拉姆咖分布的统计推断研究中探讨了一类特殊的过程能力指数 - 寿命绩效指标的 Bayes 估计和 Bayes 假设检验问题；对于逆 Rayleigh 分布，讨论了参数的经验 Bayes 双侧检验和一类特殊的单参数指数分布族的经验 Bayes 估计问题。

（2）在不完全样本情形下探讨了可靠性分布模型参数的 Bayes 统计推断问

题。例如：基于逐步递增的Ⅱ型截尾样本提出了比率危险率模型参数的 Bayes 收缩估计法；基于无失效数据样本，分别研究了指数分布和二项分布参数的 Bayes 估计问题；基于记录值样本研究了指数分布参数的 Bayes 估计并在适当条件下考察了一类线性估计的可容许性。

（3）讨论了含有模糊信息场合的指数分布模型参数的模糊 Bayes 估计和序贯 Bayes 假设检验问题。例如：在刻度误差损失函数下导出了指数分布失效率参数的模糊 Bayes 估计并构建了求解 Bayes 估计的隶属度函数的最优化模型，拓展了现有文献只在平方误差和 LINEX 损失函数下研究该问题的方法；在 Quasi 先验分布下讨论了指数分布均值参数的序贯模糊 Bayes 假设检验方法，其优点是不但能够进行参数的假设检验，还可以大大减少试验次数。

# 2  Bayes 统计推断的基础理论

## 2.1  Bayes 统计的起源

Bayes 统计的思想起源于英国学者托马斯·贝叶斯（Thomas Bayes）的一篇论文——《论有关机遇问题的求解》。该文提出一种归纳推理的理论，后被一些统计学者发展成为一种系统的统计推断方法，称为贝叶斯（Bayes）统计推断方法[52]。在托马斯·贝叶斯的论文发表 Bayes 方法之后，拉普拉斯（Laplace）等人用 Bayes 方法推导出一些有意义的结果，但由于当时 Bayes 统计的理论基础还不完善，并且限于当时的科学技术水平和条件，在先验信息的获取和认知方面还存在很多困难，并且与经典统计之间还存在着很多哲学之辩，导致该方法发展非常缓慢，长期未被普遍接受和应用[52]。直到第二次世界大战之后，瓦尔德（A. Wald，1902~1950）提出统计决策函数论，其中 Bayes 解被认为是一种最优决策函数之后，Bayes 统计方法才真正引起很多人的研究兴趣[53]。现如今 Bayes 学派与经典统计学派并行发展，成为一个非常有影响力的学派[54]。越来越多的学者加入 Bayes 统计推断的研究。Bayes 统计方法已经被广泛应用到军事[55,56]、医学诊断[57,58]、图像处理[59,60]、模式识别[61,62]以及经济预测[63~65]等各个领域，并且取得了令人瞩目的成效。

## 2.2  Bayes 统计推断涉及的信息

美籍波兰统计学家雷曼（E. L. Lehmann，1894~1981）高度概括了在统计推断中可用的三种信息[66,67]：总体信息、样本信息和先验信息。

所谓总体信息，就是指总体的概率分布或其所属的分布族所包含的信息，譬如，"总体 $X$ 服从正态分布 $N(\mu,\sigma^2)$ 或者说正态总体"这句话就隐含了很多信息，只要我们对正态分布熟悉，就可以得出一些结论，也就是正态总体所包含的信息。如正态总体的概率密度函数曲线是一种倒钟形曲线，是轴对称曲线；它的一阶矩存在且恰好等于 $\mu$，二阶矩也存在且等于 $\mu+\sigma^2$；正态随机变量 $X \sim N(\mu,\sigma^2)$ 由重要变换 $Y = \dfrac{X-\mu}{\sigma}$，转化为标准正态随机变量，而标准正态分布的相关计算可以通过查表计算出结果；在统计推断中，正态分布和统计学上的三大抽样分布 $\chi^2$ 分布、$t$ 分布和 $F$ 分布并称四大抽样分布，在经典统计中常通过构造枢轴量求解它的区间估计，相关结论在大学的概率论与数理统计教材中都可以很方便地查到。

在统计推断中，总体信息至关重要，它是我们进行统计推断必不可少的一步。通常我们需要预先知道总体的分布或总体的近似分布。然而总体信息的获取通常是困难的，需要耗费大量时间、精力和人力、物力和财力。例如，我国为确认国产轴承寿命的分布情况，先后处理了几千个数据，前后花了 5 年时间才最终确定国产轴承的寿命服从两参数 Weibull 分布[52]。美国军方为获得某种新的电子元器件的寿命分布，常需要购买成千上万个这种电子元器件，经过大量的寿命试验、获取大量的寿命数据后才能确认该电子元器件的寿命分布情况。

所谓样本信息，即样本提供给我们的信息，这在任何一种统计推断中都需要。在统计推断中当然是希望样本信息越多越好，但是样本信息越多通常需要越多的时间、人力和物力。统计推断就是通过对样本信息的加工和处理来对总体的某些特征做出较为准确的推断。

经典统计学就是基于上述两种信息进行统计推断的，它的基本观点是把试验所获得的数据（样本）看成是来自具有一定概率分布的总体，所研究的对象是这个总体而不是局限于数据本身。20 世纪下半叶以来，经典统计学在工业、农业、医学、经济管理、军事等领域得到了极为广泛而成功的应用，在这些领域中不断地提出新的统计问题，从而促进了经典统计学的发展。但随着它的持续发展和广泛应用，也逐渐暴露出了其本身的一些固有缺陷，促使人们考虑如何解决这些问题。如导弹发射试验，若做大量试验不但耗资巨大而且得不偿失，而 Bayes 统计提供了一种小样本统计推断方法，可以大大地节省成本和时间，且可以达到预期的效果。Bayes 统计是通过借用第三种信息来完成统计推断的任务的。这第三种信息称为先验信息。

所谓先验信息，即在统计抽样之前就知道的有关总体分布的一些相关信息。通常先验信息主要来源于工程师或者专家的经验判断和历史数据资料所包含的信息。譬如，在估计某产品的不合格率时，假如工厂留存了过去抽检这种产品质量的资料以及销售商销售产品后的返修数据资料，则这些历史数据资料能很大程度上反映该产品的不合格率。这些历史资料所提供的信息就是一种先验信息。又如某工程师根据自己多年积累的经验对某种设计方案生产出的空调的平均寿命有一个大致的估计，这种估计本身也是一种先验信息。由于上述的这两种信息是在"试验之前"就已经存在的，故在 Bayes 统计推断中常称为先验信息。

Bayes 统计中除了运用经典统计学派的总体信息和样本信息外，还用到了先验信息，这也是它与经典统计学的主要差异。

## 2.3　Bayes 公式

初等概率论中的 Bayes 公式是通过事件的概率形式给出。而在 Bayes 统计推断中应用更多的是 Bayes 公式的概率密度函数形式。要给出 Bayes 公式的概率密度函数形式，我们需要先了解 Bayes 统计的如下几个基本观点：

（1）任何一个总体 $X$，设其分布函数为 $F(x;\theta)$，概率密度函数为 $f(x;\theta)$，$\theta$ 为未知分布参数，在经典统计中 $\theta$ 被看作是一个未知的常数。但在 Bayes 统计中，把 $\theta$ 看作是一个随机变量，那么 $\theta$ 应该用一个概率分布 $\pi(\theta)$ 来刻画其特性，即在进行抽样试验之前就有关于 $\theta$ 的先验信息的概率分布，称为参数 $\theta$ 的先验分布。而在 Bayes 统计中总体 $X$ 的分布函数和概率密度函数应该分别记为 $F(x\mid\theta)$ 和 $f(x\mid\theta)$。贝叶斯学派认为在统计推断中，先验分布是统计推断不可或缺的一个要素，并且他们认为先验分布不必有客观的依据，可以部分地或完全地基于主观信念。

（2）当给定 $\theta$ 后，从总体 $f(x;\theta)$ 中随机抽取一个容量为 $n$ 的样本 $X_1,\cdots,$ $X_n$，该样本中含有 $\theta$ 的有关信息。这种信息就是样本信息。

（3）对于参数 $\theta$ 的任何统计推断，必须依据 $\theta$ 的后验分布来进行。根据样本分布和未知参数的先验分布，可以用概率论中求条件概率分布的方法，求出在样本已知下未知参数的条件分布。因为这个分布是在抽样以后才得到的，故称为后验分布。

接下来根据 $\theta$ 为连续型和离散型随机变量分别给出 Bayes 公式的推导过程，详细步骤如下所述。

### 2.3.1　当 $\theta$ 为连续型随机变量时的 Bayes 公式

参数 $\theta$ 的密度函数在经典统计中记作 $f(x;\theta)$ 或 $f_\theta(x)$，它表示在参数空间 $\Theta$ 中不同的 $\theta$ 对应不同的分布；而在 Bayes 统计中记作 $f(x\mid\theta)$，它表示在随机变量 $\theta$ 给定某个值时，总体 $X$ 的条件概率密度函数，又常称为条件分布。设 $x=(x_1,$ $\cdots,x_n)$ 为 $X=(X_1,\cdots,X_n)$ 的样本观察值。在 Bayes 统计学中，把总体信息、样本信息和先验信息归纳起来的最好方式是在总体分布基础上获得的样本 $X_1,\cdots,$ $X_n$ 和参数 $\theta$ 的联合密度函数：

$$f(x_1,\cdots,x_n,\theta)=f(x_1,\cdots,x_n\mid\theta)\pi(\theta) \tag{2.1}$$

这个联合密度函数（2.1）综合了总体和样本信息，常被称为似然函数，记作 $L(\theta)$，即 $L(\theta)=f(x,\theta)=f(x\mid\theta)\pi(\theta)$。在有了样本观察值 $x=(x_1,x_2,\cdots,x_n)$ 后，总体和样本中所含的参数的信息包含在似然函数 $L(\theta)$ 之中，这就是似然原理。似然原理是经典频率学派和 Bayes 统计学派都公认的。注意在似然函数 $L(\theta)$

中，当样本 $X = (X_1, \cdots, X_n)$ 给定之后，未知的仅是参数 $\theta$，我们关心的是样本给定后 $\theta$ 的条件密度函数，依据概率密度的计算公式，容易获得这个条件密度函数：

$$\pi(\theta \mid x) = \frac{f(x, \theta)}{f(x)} = \frac{f(x \mid \theta) \pi(\theta)}{\int_{\Theta} f(x \mid \theta) \pi(\theta) \mathrm{d}\theta} \qquad (2.2)$$

这就是 Bayes 公式的密度函数形式，$\pi(\theta \mid x)$ 称为 $\theta$ 的后验概率密度函数，或后验分布。$f(x) = \int_{\Theta} f(x \mid \theta) \pi(\theta) \mathrm{d}\theta$ 是 $x$ 的边缘密度函数，它与 $\theta$ 无关，或者说，$f(x)$ 中不含 $\theta$ 的任何信息。因此能用来对 $\theta$ 做出推断的仅是条件分布 $\pi(\theta \mid x)$ 或 $f(x \mid \theta) \pi(\theta)$。它集中了总体信息、样本信息和先验信息中有关 $\theta$ 的一切信息，且又是排除一切与参数 $\theta$ 无关的信息后所得到的结果。故基于后验分布 $\pi(\theta \mid x_1, \cdots, x_n)$ 对 $\theta$ 进行统计推断是有效的，也是合理的。

### 2.3.2 当 $\theta$ 为离散随机变量时的 Bayes 公式

设 $\theta$ 的先验分布由分布列 $\pi(\theta_i) = P(\theta = \theta_i)(i = 1, 2, \cdots)$ 表示，则采用类似的分析可以得到后验分布也是离散形式，且后验分布列为：

$$\pi(\theta_i \mid x) = \frac{f(x \mid \theta_i)}{\sum_j f(x \mid \theta_j) \pi(\theta_j)}, \quad i = 1, 2, \cdots \qquad (2.3)$$

假如总体 $X$ 离散，只需把式（2.1）或式（2.3）中密度函数 $f(x \mid \theta)$ 看作概率密度函数 $P(X = x \mid \theta)$ 即可。

## 2.4 先验分布的选取

Bayes 统计中将总体分布中的未知参数 $\theta$ 看作是一个随机变量，其分布称为先验分布。在进行 Bayes 统计推断时，如何获取先验信息，并将先验信息用概率分布函数的形式来表达，是一个关键问题。文献［52］对如何获取先验分布给出了详细的介绍，这里不再赘述。这里只介绍共轭先验分布，也是 Bayes 统计推断中用得最多的一种先验分布。设 $X = (X_1, X_2, \cdots, X_n)$ 为一组简单随机样本，若总体 $X$ 的分布中未知参数 $\theta$ 的先验和后验分布都具有形式上的不变性，即 $\pi(\theta)$ 和 $\pi(\theta \mid X)$ 具有同一分布形式，则称它们是共轭的。设 $\mathbb{F}$ 为 $\theta$ 的一个分布族，任取 $\pi(\theta) \in \mathbb{F}$ 作为先验分布，如果对于任意观测 $X$，后验分布密度 $\pi(\theta \mid X)$ 仍属于分布族 $\mathbb{F}$，则称 $\mathbb{F}$ 为关于 $f(X \mid \theta)$ 的共轭分布族，这里 $f(X \mid \theta)$ 为 $X$ 所属总体的概率密度函数。例如：对于正态总体 $N(\theta, \sigma^2)$，$\sigma^2$ 已知，则当取 $\theta$ 的先验分布

为 $N(\mu, v^2)$，即 $\theta \sim N(\mu, v^2)$ 时，易证 $\theta \mid X \sim N(\mu_1, v_1^2)$，其中：

$$\begin{cases} \mu_1 = \dfrac{\sigma^2 \mu + nv^2 \overline{X}}{\sigma^2 + nv^2} \\[3mm] v_1^2 = \dfrac{\sigma^2 v^2}{\sigma^2 + nv^2} \end{cases} \tag{2.4}$$

因此，在方差已知的情况下，正态总体均值的先验分布和后验分布是共轭的。

**例 2.1**   设随机事件 $A$ 的概率为 $\theta$，即 $P(A) = \theta$。为了估计 $\theta$ 进行 $n$ 次独立观察，其中事件 $A$ 出现次数为 $X$，则 $X$ 服从二项分布 $b(n, \theta)$，即：

$$P(X = x \mid \theta) = C_n^x \theta^x (1 - \theta)^{n-x}, \quad x = 0, 1, \cdots, n$$

Bayes 统计学首先要想方设法地去寻求 $\theta$ 的先验分布。下面分几种情况介绍 Bayes 公式的使用。

**解**：步骤一：确定先验分布。

（1）如果对事件 $A$ 的发生没有任何了解，那么对 $\theta$ 的大小也没有任何信息。在这种情况下，Bayes 统计理论建议用区间（0，1）上的均匀分布作为先验分布，即：

$$\pi(\theta) = \begin{cases} 1, & 0 < \theta < 1 \\ 0, & \text{其他} \end{cases}$$

因为它在（0，1）上每一点都是机会均等的。

样本 $X$ 与参数的联合分布为：

$$f(x, \theta) = C_n^x \theta^x (1 - \theta)^{n-x}, \quad x = 0, 1, \cdots, n, 0 < \theta < 1$$

此式在定义域上与二项分布有区别。再计算 $X$ 的边缘概率密度函数：

$$f(x) = \int_0^1 f(x, \theta) \mathrm{d}\theta = C_n^x \frac{\Gamma(x + 1) \Gamma(n - x + 1)}{\Gamma(n + 2)}, \quad x = 0, 1, \cdots, n$$

于是 $\theta$ 的后验概率密度函数为：

$$\pi(\theta \mid x) = \frac{\Gamma(n + 2)}{\Gamma(x + 1) \Gamma(n - x + 1)} \theta^x (1 - \theta)^{n-x}, \quad 0 < \theta < 1$$

即

$$\theta \mid X \sim Be(x+1, n-x+1)$$

（2）先验分布的确定大致可分以下几步：

1）选一个适应面较广的分布族作为先验分布族，使它在数学处理上方便一些，这里选用 $\beta$ 分布族：

$$\pi(\theta) = \frac{\Gamma(a+b)}{\Gamma(a)\Gamma(b)} \theta^{a-1}(1-\theta)^{b-1}, \quad 0 \leqslant \theta \leqslant 1, a < 0, b > 0$$

作为 $\theta$ 的先验分布族是恰当的，从以下几方面考虑：

① 参数 $\theta$ 是废品率，它仅在（0，1）上取值。因此，必须用区间（0，1）上的一个分布去拟合先验信息。$\beta$ 分布正是这样一个分布。

② $\beta$ 分布含有两个参数 $a$ 与 $b$，不同的 $a$ 与 $b$ 就对应不同的先验分布，因此这种分布的适应面较大。

③ 样本 $X$ 的分布为二项分布 $b$（$n$，$\theta$）时，假如 $\theta$ 的先验分布为 $\beta$ 分布，则用贝叶斯估计算得的后验分布仍然是 $\beta$ 分布，只是其中的参数不同。这样的先验分布（$\beta$ 分布）称为参数 $\theta$ 的共轭先验分布。选择共轭先验分布在处理数学问题上带来不少方便。

④ 国内外不少人使用 $\beta$ 分布获得成功。

2）根据先验信息在先验分布族中选一个分布作为先验分布，使它与先验信息符合较好。利用 $\theta$ 的先验信息去确定 $\beta$ 分布中的两个参数 $a$ 与 $b$。从文献来看，确定 $a$ 与 $b$ 的方法很多。例如，如果能从先验信息中较为准确地算得 $\theta$ 先验平均和先验方差，则可令其分别等于 $\beta$ 分布的期望与方差，最后解出 $a$ 与 $b$。

即令：

$$\begin{cases} \dfrac{a}{a+b} = \bar{\theta} \\ \dfrac{ab}{(a+b)^2(a+b+1)} = S_\theta^2 \end{cases}$$

解得：

$$\begin{cases} a = \dfrac{(1-\bar{\theta})\bar{\theta}^2}{S_\theta^2} - \bar{\theta} \\ b = \dfrac{a(1-\bar{\theta})}{\bar{\theta}} \end{cases}$$

如果从先验信息获得 $\bar{\theta} = 0.2, S_\theta^2 = 0.01$，则可解得 $a = 3$，$b = 12$，这意味着 $\theta$ 的先验分布是参数 $a = 3$，$b = 12$ 的 $\beta$ 分布。假如能从先验信息中较为准确地把握

$\theta$ 的两个分位数，如确定 $\theta$ 确定的 10% 分位数 $\theta_{0.1}$ 和 50% 的中位数 $\theta_{0.5}$，那可以通过如下两个方程来确定 $a$ 与 $b$。

$$\begin{cases} \int_0^{\theta_{0.1}} \pi(\theta)\,\mathrm{d}\theta = 0.1 \\ \int_0^{\theta_{0.5}} \pi(\theta)\,\mathrm{d}\theta = 0.5 \end{cases}$$

假如已知的信息较为丰富，譬如对此产品经常进行抽样检查，每次都对废品率作出一个估计，把这些估计值看作一些观察值，再经过整理，就可用一个分布去拟合它。

假如关于参数 $\theta$ 的信息较少，甚至没有什么有用的先验信息，那可以用区间 $(0, 1)$ 上的均匀分布（$a = b = 1$ 情况）。用均匀分布意味着对各种取值是"同等对待的"，是"机会均等的"。

贝叶斯本人认为，当你对参数 $\theta$ 的认识除了在有限区间 $(c, d)$ 之外，其他毫无所知时，就可用区间 $(c, d)$ 上的均匀分布作为 $\theta$ 的先验分布。这个看法被后人称为"贝叶斯假设"。

步骤二：计算后验分布。

确定了先验分布后，就可计算出后验分布，过程如下：

$$f(x,\theta) = P(X = x \mid \theta)\pi(\theta)$$
$$= \frac{\Gamma(a+b)}{\Gamma(a)\Gamma(b)}\binom{n}{x}\theta^{a+x-1}(1-\theta)^{b+n-x-1}, \quad x = 0,1\cdots,n, 0 < \theta < 1$$

于是 $X$ 的边缘概率密度函数为：

$$f(x) = \int_0^1 f(x,\theta)\,\mathrm{d}\theta = \frac{\Gamma(a+b)}{\Gamma(a)\Gamma(b)} \cdot \frac{\Gamma(a+x)\Gamma(b+n-x)}{\Gamma(a+b+n)}\binom{n}{x}$$
$$x = 0,1,\cdots,n$$

最后在给出 $X = x$ 的条件下，$\theta$ 的后验密度为：

$$\pi(\theta \mid x) = \frac{f(x,\theta)}{f(x)} = \frac{\Gamma(a+b+n)}{\Gamma(a+x)\Gamma(b+n-x)}\theta^{a+x-1}(1-\theta)^{b+n-x-1}, \quad 0 < x < 1$$

显然这个后验分布仍然是 $\beta$ 分布，它的两个参数分别是 $a+x$ 和 $b+n-x$。我们选后验期望作为参数 $\theta$ 的贝叶斯估计，则 $\theta$ 的贝叶斯估计为：

$$\hat{\theta}_B = \int_0^1 \theta \pi(\theta|x)\,\mathrm{d}\theta = \frac{a+x}{a+b+n}$$

下面介绍一些常用的共轭先验分布族。对于一些常用的指数分布族，如果仅对其中的参数 $\theta$ 感兴趣，表 2.1 列出了它们的共轭先验分布及后验期望。

**表 2.1　共轭先验分布及后验期望**

| 总体的分布 | 共轭先验分布 | 后验期望 |
|---|---|---|
| 正态分布 $N(\theta,\sigma^2)$ | 正态分布 $N(\mu,\tau^2)$ | $\dfrac{\tau^2 x + \mu\sigma^2}{\tau^2 + \sigma^2}$ |
| 二项分布 $b(n,p)$ | 贝塔分布 $\beta(a,b)$ | $\dfrac{a+x}{a+b+n}$ |
| Poisson 分布 $P(\lambda)$ | 伽玛分布 $\Gamma(a,b)$ | $\dfrac{a+x}{b+1}$ |

## 2.5　损失函数

损失函数 $L(\theta,a)$ 是指定义在 $\Theta \times A$ 上的一个非负实值函数 $L(\theta,a):\Theta \times A \to R^+$，$L(\theta,a)$ 表示当参数真值为 $\theta$ 时采取行动 $a$ 所造成的损失。$X$ 为样本空间，$A$ 为行动空间，则判决函数 $\delta(x)$ 为从 $X$ 到 $A$ 上的一个映射。称 $R(\theta,\delta) = \int_X L(\theta,\delta(x))f(x|\theta)\,\mathrm{d}x$ 为判决函数 $\delta(x)$ 在损失 $L(\theta,\delta(x))$ 下的风险函数。在 Bayes 统计分析中，损失函数和先验分布一样，在 Bayes 统计推断中都占据着非常重要的地位。平方误差损失函数由于其在数学处理上的方便，成为 Bayes 统计推断中应用最为广泛的一类损失函数。它对高估和低估给予相等的惩罚。然而在某些实际场合，特别是在估计可靠性和失效率时，高估往往会带来更大的损失[68]。为此一些非对称损失相继被提出[69,70]，其中 LINEX 损失和熵损失函数是其中两个应用较广的非对称损失函数。关于平方误差损失、LINEX 损失和熵损失函数以及其他一些损失函数，如刻度误差平方损失、MLINEX 损失函数、有界误差损失函数等的介绍将在后继章节的讨论中给出。

## 2.6　本章小结

本章我们给出了 Bayes 统计基础理论的一个简单介绍，鉴于这方面已经有很多著作进行了介绍，我们就不进行太多的赘述。另外需要指出的是，基于 Bayes 统计思想发展起来的其他统计推断方法我们将其统计归结到 Bayes 统计推断理论，如多层 Bayes 统计、经验 Bayes 统计以及 Bayes 统计其他算法的结合，如收缩 Bayes 估计法、期望 Bayes 估计等。这些方法的简要介绍将在后续章节出现的时候给出简单的介绍。

# 3 基于完全样本的分布模型参数的 Bayes 统计推断研究

## 3.1 广义 Pareto 分布模型参数的 Bayes 统计推断研究

### 3.1.1 广义 Pareto 分布模型简介

Pareto 分布是意大利经济学家 Pareto[71] 提出并将其应用到个人收入问题的研究中。通过研究发现少数人的收入要远多于大多数人的收入，于是提出了著名的 Pareto 定律。随着越来越多的学者对此分布的关注和研究，Pareto 分布已经被广泛应用于金融学、水文学、生物学、物理学、人口统计学与经济学等各个领域[72~76]。近年来基于 Pareto 分布的一些新的分布，如广义 Pareto 分布等相继被提出并被应用到金融、保险和自然灾害等领域[77~80]。

本节所研究的广义 Pareto 分布（Generalized Pareto Distribution，简称 GPD）是 James Piekands 在 1975 年首次提出的，他指出 GPD 分布可作为高门限超量的近似分布，这反映了 GPD 分布可广泛地应用于金融、保险、自然灾害等领域[81]。随后很多学者做了进一步的研究，在诸多领域发挥重要作用。在金融领域，如股票的交易量以及股票的收益率等指标均呈现出非正态和厚尾特征，这时应用 GPD 分布模型可以很好地对这些数据进行拟合[82~84]。在保险领域，保险的损失数据也一般都是具有非负、有偏及厚尾的特点，因而研究者们也常采用 GPD 分布来预测最大损失[85,86]。在自然灾害领域，比如，我国各地出现的洪涝、严寒和干旱等极端天气事件，此类事件的建模常采用极值理论来处理，而 GPD 分布常用来对观测值中的所有超过某一较大阈值的数据进行建模，并取得了良好的模拟结果[87,88]，更多关于 GPD 分布的介绍可参考文献[89~91]。

本书中采用的广义 Pareto 分布的分布函数为：

$$G_{\xi,\beta,v}(x) = \begin{cases} 1 - \left(1 + \xi \dfrac{x-v}{\beta}\right)^{-1/\xi}, & \xi \neq 0 \\ 1 - \exp[-(x-v)/\beta], & \xi \neq 0 \end{cases} \tag{3.1}$$

其中，当 $\xi \geq 0$ 时，$x \geq 0$；当 $\xi < 0$ 时，$v < x \leq v - \beta/v$。但在实际应用中，大多考虑采用如下两参数广义 Pareto 分布建模[92]：

$$G_{\xi,\beta}(x) = \begin{cases} 1 - \left(1 + \dfrac{\xi}{\beta}x\right)^{-1/\xi}, & \xi \neq 0 \\ 1 - e^{-x/\beta}, & \xi \neq 0 \end{cases} \qquad (3.2)$$

其中 $\beta > 0$ 且当 $\xi \geq 0$ 时,有 $x \in [0, \infty)$;当 $\xi < 0$ 时,有 $x \in [0, -\beta/\xi]$。图 3.1 所示为广义 Pareto 分布的概率密度函数曲线在 $\beta = 1$,$\xi$ 取 0.5,0,$-0.5$ 时的图形。

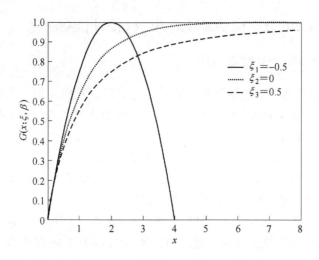

图 3.1   广义 Pareto 分布在 $\beta = 1$,$\xi$ 取 0.5,0,$-0.5$ 时的图形

从图 3.1 可以看出 $\xi$ 的不同取值决定了分布函数尾部的厚度,$\xi$ 越大尾部越厚,$\xi$ 越小尾部越薄。从 $G_{\xi,\beta}(x)$ 函数还可以看到当 $\xi < 0$ 时,$y$ 的最大取值为 $-\beta/\xi$,有上界。Lee 和 Saltoğlu[93] 指出在直接使用 GPD 对金融资产收益时间序列数据建模时,由于数据是尖峰厚尾的,则 $\xi$ 一定大于零,即当 $\xi > 0$,GPD 是厚尾的。

为研究的方便,在式 (3.2) 中令 $\theta = -\xi$,$\sigma = \dfrac{\beta}{-\xi}$,则此时两参数 GPD 分布变为:

$$G_{\theta,\sigma}(x) = 1 - \left(1 - \frac{x}{\sigma}\right)^{1/\theta}, \quad 0 < x < \sigma \qquad (3.3)$$

式中 $\theta$,$\sigma > 0$ 为参数。

本节在参数的先验分布为无信息 Quasi 先验分布下,分别研究基于平方误差损失、LINEX 损失和熵损失函数下 GPD 分布参数的 Bayes 估计及风险函数比较问题。

### 3.1.2 广义 Pareto 分布参数的 Bayes 估计

本节在 $\sigma$ 已知的情况下讨论 GPD 参数的 Bayes 估计问题。

在 Bayes 统计分析中，先验分布和损失函数占据着非常重要的地位。在本节接下来的讨论中，设参数 $\theta$ 的先验分布为无信息 Quasi 先验分布，相应的概率密度函数为：

$$\pi(\theta) \propto \frac{1}{\theta^d}, \quad \theta > 0, d > 0 \tag{3.4}$$

当 $d = 0$ 时，$\pi(\theta) \propto 1$ 为离散先验分布；当 $d = 1$ 时，$\pi(\theta) \propto \frac{1}{\theta}$ 为无信息先验分布。

本节讨论中采用的损失函数为以下三种情形：

（1）平方误差损失函数[94]：

$$L(\hat{\theta}, \theta) = (\hat{\theta} - \theta)^2 \tag{3.5}$$

在平方误差损失函数下参数 $\theta$ 的 Bayes 估计为：

$$\hat{\theta}_{BS} = E(\theta \mid X)$$

平方误差损失函数由于其在数学处理上的方便，成为 Bayes 统计推断中应用最为广泛的一类损失函数。它对高估和低估给予相等的惩罚。然而在某些实际场合，特别是在估计可靠性和失效率时，高估往往会带来更大的损失[68]。为此一些非对称损失相继被提出，其中 LINEX 损失和熵损失函数是其中两个应用较广的非对称损失函数。

（2）LINEX 损失函数：

$$L(\Delta) = e^{c\Delta} - c\Delta - 1, \quad c \neq 0 \tag{3.6}$$

其中 $\Delta = \dfrac{\hat{\theta} - \theta}{\theta}$，$c$ 为形状参数。LINEX 损失函数最早由 Varian[95] 提出，经由 Zellner[69] 发展并应用到 Bayes 估计中。本节所采用的 LINEX 损失函数的函数表达式由文献［69］首先采用，并应用到指数分布的 Bayes 估计中。在 LINEX 损失函数 (3.6) 下，参数 $\theta$ 的 Bayes 估计 $\hat{\theta}_{BL}$ 由下式给出：

$$E\left[\frac{1}{\theta}\exp\left(\frac{c\hat{\theta}_{BL}}{\theta}\right) \mid X\right] = e^c E\left(\frac{1}{\theta} \mid X\right) \tag{3.7}$$

LINEX 损失函数是 Bayes 统计推断中应用最多的一类非对称损失函数，关于该损失函数的应用参考文献［96～100］。

（3）熵损失函数[70]：

$$L(\hat{\theta},\theta) = \frac{\hat{\theta}}{\theta} - \ln\frac{\hat{\theta}}{\theta} - 1 \tag{3.8}$$

在熵损失函数（3.8）下，参数 $\theta$ 的 Bayes 估计为：

$$\hat{\theta}_{BE} = \left[ E(\theta^{-1}\mid X) \right]^{-1} \tag{3.9}$$

作为一类重要的非对称损失函数，熵损失函数在 Bayes 统计推断中的更多应用参考文献［100～105］。

**定理 3.1**    设 $X_1$，$X_2$，$\cdots$，$X_n$ 为来自 GPD 分布（3.3）的样本容量为 $n$ 的简单随机样本，其中 $x_1$，$x_2$，$\cdots$，$x_n$ 为相应的样本观察值，记 $x = (x_1, x_2, \cdots, x_n)$，$X = (X_1, X_2, \cdots, X_n)$ 和 $S = -\sum\limits_{i=1}^{n}\ln\left(1 - \frac{X_i}{\sigma}\right)$。并设参数 $\theta$ 的先验分布为 Quasi 先验分布（3.4），则：

（1）在平方误差损失函数下，参数 $\theta$ 的 Bayes 估计为：

$$\hat{\theta}_{BS} = \frac{S}{n+d-2} \tag{3.10}$$

（2）在 LINEX 损失函数下，参数 $\theta$ 的 Bayes 估计为：

$$\hat{\theta}_{BL} = \frac{S}{c}\left[ 1 - \exp\left( -\frac{c}{n+d} \right) \right] \tag{3.11}$$

（3）在熵损失函数下，参数 $\theta$ 的 Bayes 估计为：

$$\hat{\theta}_{BE} = \frac{S}{n+d-1} \tag{3.12}$$

**证明**    由于两参数 GPD 的分布函数为：

$$G_{\theta,\sigma}(x) = 1 - \left(1 - \frac{x}{\sigma}\right)^{1/\theta}, \qquad 0 < x < \sigma$$

则相应的概率密度函数为：

$$f(x;\theta) = \frac{1}{\sigma\theta}\left(1 - \frac{x}{\sigma}\right)^{1/\theta - 1}, \qquad 0 < x < \sigma$$

给定样本值 $x = (x_1, x_2, \cdots, x_n)$ 后参数 $\theta$ 的似然函数为:

$$l(\theta;x) = \prod_{i=1}^{n} f(x_i;\theta) = \sigma^{-n}\theta^{-n}\left[\prod_{i=1}^{n} \frac{1}{\left(1 - \frac{x_i}{\sigma}\right)}\right] e^{-s/\theta} \tag{3.13}$$

式中, $s = -\sum_{i=1}^{n} \ln\left(1 - \frac{x_i}{\sigma}\right)$ 为 $S = -\sum_{i=1}^{n} \ln\left(1 - \frac{X_i}{\sigma}\right)$ 的样本观测值。

再由式 (3.4) 及 Bayes 公式, 参数 $\theta$ 的后验概率密度函数为:

$$h(\theta \mid x) \propto l(\theta \mid x) \cdot \pi(\theta)$$
$$\propto \theta^{-n} e^{-s/\theta} \theta^{-d}$$
$$\propto \theta^{-(n+d)} e^{-s/\theta} \tag{3.14}$$

从而 $\theta$ 的后验分布为倒伽玛分布 $I\Gamma(n + d - 1, s)$, 相应的概率密度函数为:

$$h(\theta \mid x) = \frac{s^{n+d-1}}{\Gamma(n+d-1)} \theta^{-(n+d)} e^{-\frac{s}{\theta}} \tag{3.15}$$

则:

(1) 在平方误差损失函数下, 参数 $\theta$ 的 Bayes 估计为其后验均值, 即 $\theta$ 的 Bayes 估计:

$$\hat{\theta}_{BS} = E(\theta \mid X) = \frac{S}{n+d-2}$$

(2) 由式 (3.15) 有:

$$E\left[\frac{1}{\theta}\exp\left(\frac{c\hat{\theta}_{BL}}{\theta}\right) \mid X\right]$$
$$= \int_0^\infty \frac{1}{\theta}\exp\left(\frac{c\hat{\theta}_{BL}}{\theta}\right) \frac{S^{n+d-1}}{\Gamma(n+d-1)} \theta^{-(n+d)} e^{-\frac{S}{\theta}} d\theta$$
$$= \frac{S^{n+d-1}}{\Gamma(n+d-1)} \frac{\Gamma(n+d)}{(S - c\hat{\theta}_{BL})^{n+d}}$$

和

$$e^c E\left(\frac{1}{\theta} \mid X\right) = \int_0^\infty \frac{1}{\theta} \frac{S^{n+d-1}}{\Gamma(n+d-1)} \theta^{-(n+d)} e^{-\frac{s}{\theta}} d\theta$$

$$= e^c \cdot \frac{n+d-1}{S}$$

将它们代入式（3.7）解得参数 $\theta$ 的 Bayes 估计为：

$$\hat{\theta}_{\mathrm{BL}} = \frac{S}{c}\left[1 - \exp\left(-\frac{c}{n+d}\right)\right]$$

（3）在熵损失函数下，参数 $\theta$ 的 Bayes 估计为：

$$\hat{\theta}_{\mathrm{BE}} = \left[E(\theta^{-1} \mid X)\right]^{-1}$$

$$= \left[\int_0^\infty \frac{1}{\theta} \frac{S^{n+d-1}}{\Gamma(n+d-1)} \theta^{-(n+d)} e^{-\frac{s}{\theta}} d\theta\right]^{-1}$$

$$= \frac{S}{n+d-1}$$

**注 3.1**  易证 $S = -\sum_{i=1}^n \ln\left(1 - \frac{X_i}{\sigma}\right)$ 服从伽玛分布 $\Gamma(n, \theta^{-1})$，相应的概率密度函数为：

$$h(s) = \frac{1}{\Gamma(n)\theta^n} s^{n-1} e^{-s/\theta}, \quad s > 0 \qquad (3.16)$$

### 3.1.3  各类估计的风险函数比较研究

3.1.3.1  平方误差损失函数下各类估计的风险函数比较研究

下面推导各个估计量在平方误差损失函数下的风险函数，并给出 Monte Carlo 模拟比较结果。设 $\hat{\theta}$ 为参数 $\theta$ 的一个估计量，则在平方误差损失函数下，$\hat{\theta}$ 的风险函数定义为：

$$R(\hat{\theta}) = E\left[(\hat{\theta} - \theta)^2\right] = \int_0^\infty (\hat{\theta} - \theta)^2 h(s) ds \qquad (3.17)$$

则利用公式（3.16），经过简单的计算可得三种 Bayes 估计的风险函数分别为：

$$R(\hat{\theta}_{BS}) = \theta^2 \left[ \frac{n(n+1)}{(n+d-2)^2} - \frac{2n}{n+d-2} + 1 \right] \tag{3.18}$$

$$R(\hat{\theta}_{BL}) = \theta^2 \left[ \frac{n(n+1)}{c^2} (1 - e^{-c/(n+d)})^2 - \frac{2n}{c} (1 - e^{-c/(n+d)}) + 1 \right]$$
$$\tag{3.19}$$

和

$$R(\hat{\theta}_{BE}) = \theta^2 \left[ \frac{n(n+1)}{(n+d-1)^2} - \frac{2n}{n+d-1} + 1 \right] \tag{3.20}$$

为比较各风险函数,将各风险函数与 $\theta^2$ 做比值,得到如下三个比率风险函数:

$$\frac{R(\hat{\theta}_{BS})}{\theta^2} = B_1, \quad \frac{R(\hat{\theta}_{BL})}{\theta^2} = B_2, \quad \frac{R(\hat{\theta}_{BE})}{\theta^2} = B_3$$

下面给出 $B_1$, $B_2$ 和 $B_3$ 随 $n$ 变化的折线图(图 3.2～图 3.5),对于 LINEX 损失,取 $c=1$,先验参数 $d$ 取 0.5,1.0,1.5,…,5.0。

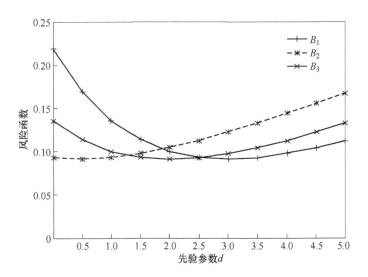

图 3.2　$n=10$ 时比率风险函数图

由图 3.2～图 3.5 可知,当 $n$ 较小时,各风险函数的图像相差较大,但是随

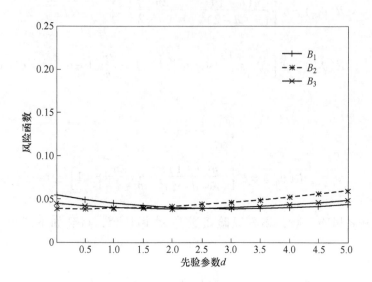

图 3.3　$n = 25$ 时比率风险函数图

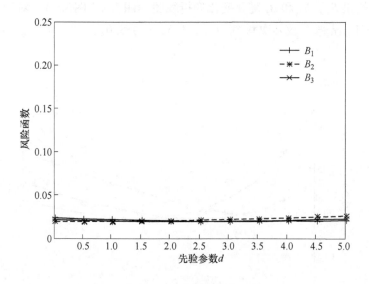

图 3.4　$n = 50$ 时比率风险函数图

着样本容量 $n$ 的增大，特别是当 $n > 50$ 时，各类风险函数趋于一致。当 $n$ 较小时，可以将图像中对应于超参数 $d$ 的风险函数较小的 Bayes 估计作为备选的参数估计值；当 $n$ 较大时，由于各个 Bayes 估计受先验参数 $d$ 的影响较小，此时每个 Bayes 估计均可以作为参数的备选估计值。

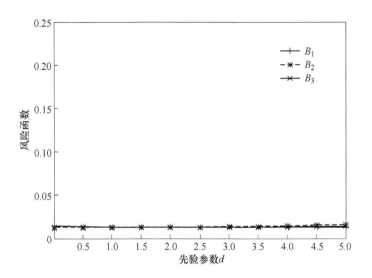

图 3.5  $n=75$ 时比率风险函数图

### 3.1.3.2  LINEX 误差损失函数下各类估计的风险函数比较研究

设 $\hat{\theta}$ 为参数 $\theta$ 的一个估计量，则在 LINEX 损失函数下，$\hat{\theta}$ 的风险函数定义为：

$$R(\hat{\theta}) = E[L(\Delta)] = \int_0^\infty L(\Delta)h(s)\,\mathrm{d}s \tag{3.21}$$

则利用式 (3.15)，经过简单的计算可得三类 Bayes 估计的风险函数分别为：

$$R_{\mathrm{L}}(\hat{\theta}_{\mathrm{BS}}) = \mathrm{e}^{-c}\left(1 - \frac{c}{n+d-2}\right)^{-n} - \frac{nc}{n+d-2} + c - 1 \tag{3.22}$$

$$R_{\mathrm{L}}(\hat{\theta}_{\mathrm{BL}}) = \mathrm{e}^{-cd/(n+d)} - n\left[1 - \mathrm{e}^{-c/(n+d)}\right] + c - 1 \tag{3.23}$$

和

$$R_{\mathrm{L}}(\hat{\theta}_{\mathrm{BE}}) = \mathrm{e}^{-c}\left(1 - \frac{c}{n+d-1}\right)^{-n} - \frac{cn}{n+d-1} + c - 1 \tag{3.24}$$

记

$$R_{\mathrm{L}}(\hat{\theta}_{\mathrm{BS}}) = L_1, \quad R_{\mathrm{L}}(\hat{\theta}_{\mathrm{BL}}) = L_2, \quad R_{\mathrm{L}}(\hat{\theta}_{\mathrm{BE}}) = L_3$$

　　下面给出 $L_1$，$L_2$ 和 $L_3$ 随 $n$ 变化的折线图（图 3.6 ~ 图 3.13），对于 LINEX 损失，分别取 $c = -1$ 和 $1$，先验超参数 $d$ 取 $0.5$，$1.0$，$1.5$，…，$5.0$。

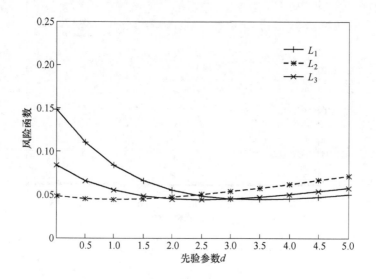

图 3.6　$n = 10$ 时比率风险函数图（$c = 1$）

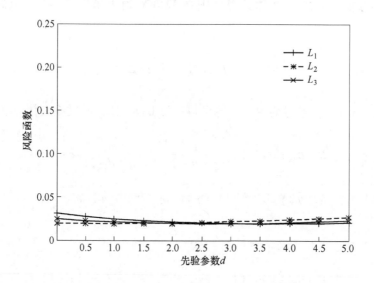

图 3.7　$n = 25$ 时比率风险函数图（$c = 1$）

　　由图 3.6 ~ 图 3.13 可知，LINEX 损失函数受形状参数 $c$ 的影响，因此在 LINEX 损失函数下风险函数以及得到的 Bayes 估计也受其影响。当 $n$ 较小时，

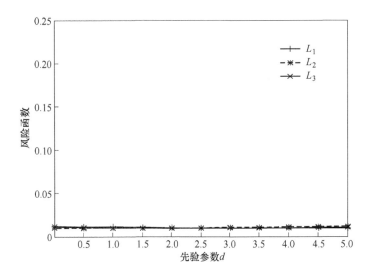

图 3.8 $n = 50$ 时比率风险函数图 ($c = 1$)

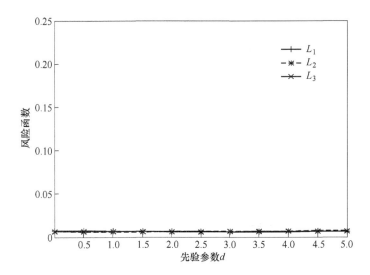

图 3.9 $n = 75$ 时比率风险函数图 ($c = 1$)

各风险函数的图像相差较大,但是随着样本容量 $n$ 的增大,特别是当 $n > 50$ 时,各类风险函数趋于一致。当 $n$ 较小时,可以将图像中对应于超参数 $d$ 和 $c$ 的风险函数较小的 Bayes 估计作为备选的参数估计值;当 $n$ 较大时,由于各个 Bayes 估计受先验参数 $d$ 的影响较小,此时每个 Bayes 估计均可以作为参数的

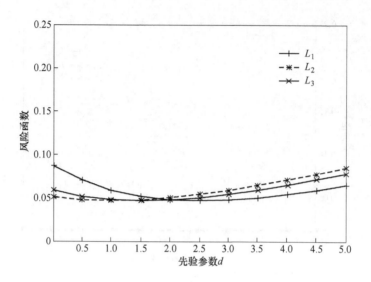

图 3.10　$n=10$ 时比率风险函数图（$c=-1$）

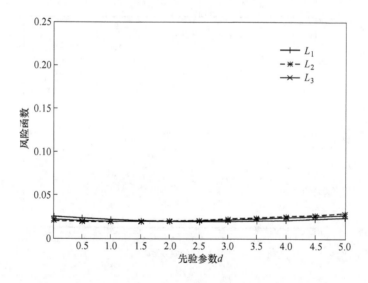

图 3.11　$n=25$ 时比率风险函数图（$c=-1$）

备选估计值。

## 3.1.4　数值模拟

利用 Monte Carlo 数值模拟生成容量为 $n=10$，20，30，50，75，100 的来自

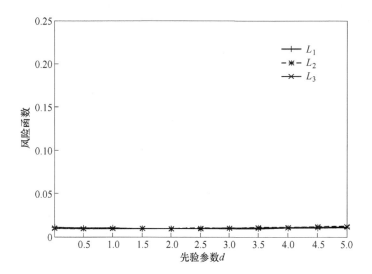

图 3.12 $n = 50$ 时比率风险函数图 ($c = -1$)

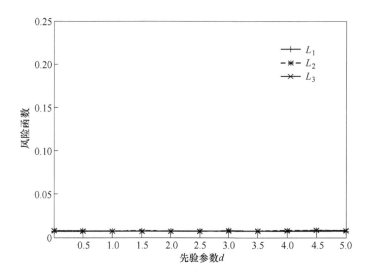

图 3.13 $n = 75$ 时比率风险函数图 ($c = -1$)

广义 Pareto 分布 (3.3) 的一组样本，其中参数 $\sigma = 1$，$\theta = 1.0$。重复试验 $N = 5000$ 次，将各类估计值的平均值，即 $\hat{\theta} = \dfrac{1}{N} \sum_{i=1}^{N} \hat{\theta}_i$ 作为参数 $\theta$ 的估计值，利用各类估计的均方误差 $ER(\hat{\theta}) = \dfrac{1}{N} \sum_{i=1}^{N} (\hat{\theta}_i - \theta)^2$ 作为度量各类估计优良性的标准，其

中 $\hat{\theta}_i$ 为第 $i$ 次试验的参数 $\theta$ 的估计值。参数 $\theta$ 的最大似然估计（MLE）、Bayes 估计值见表 3.1 和表 3.2。

表 3.1　不同样本容量下的估计值及均方误差（$d=0$）

| $n$ | $\hat{\theta}_{BS}$ | $\hat{\theta}_{BL}$ | | | | $\hat{\theta}_{BE}$ |
| --- | --- | --- | --- | --- | --- | --- |
| | | $c=-1$ | $c=-0.5$ | $c=0.5$ | $c=1.0$ | |
| 10 | 1.2551 (0.2173) | 1.0560 (0.1109) | 1.0296 (0.1033) | 0.9794 (0.0931) | 0.9555 (0.0902) | 1.1157 (0.1337) |
| 20 | 1.1120 (0.0732) | 1.0263 (0.0523) | 1.0135 (0.0505) | 0.9884 (0.0480) | 0.9762 (0.0473) | 1.0535 (0.0573) |
| 30 | 1.0713 (0.0427) | 1.0167 (0.0342) | 1.0082 (0.0334) | 0.9916 (0.0323) | 0.9834 (0.0320) | 1.0343 (0.0363) |
| 50 | 1.0424 (0.0231) | 1.0108 (0.0201) | 1.0058 (0.0198) | 0.9958 (0.0194) | 0.9908 (0.0193) | 1.0212 (0.0209) |
| 75 | 1.0288 (0.0150) | 1.0080 (0.0136) | 1.0047 (0.0135) | 0.9980 (0.0133) | 0.9947 (0.0132) | 1.0149 (0.0140) |
| 100 | 1.0204 (0.0108) | 1.0050 (0.0101) | 1.0025 (0.0101) | 0.9975 (0.0100) | 0.9950 (0.0099) | 1.0101 (0.0103) |

表 3.2　不同样本容量下的估计值及均方误差（$d=1.0$）

| $n$ | $\hat{\theta}_{BS}$ | $\hat{\theta}_{BL}$ | | | | $\hat{\theta}_{BE}$ |
| --- | --- | --- | --- | --- | --- | --- |
| | | $c=-1$ | $c=-0.5$ | $c=0.5$ | $c=1.0$ | |
| 10 | 1.1157 (0.1337) | 0.9556 (0.0902) | 0.9339 (0.0886) | 0.8924 (0.0885) | 0.8901 (0.0898) | 1.0041 (0.0974) |
| 20 | 1.0535 (0.0573) | 0.9762 (0.0473) | 0.9646 (0.0468) | 0.9419 (0.0468) | 0.9400 (0.0472) | 1.0008 (0.0491) |
| 30 | 1.0343 (0.0363) | 0.9834 (0.0320) | 0.9754 (0.0318) | 0.9598 (0.0318) | 0.9567 (0.0320) | 0.9999 (0.0328) |
| 50 | 1.0212 (0.0209) | 0.9908 (0.0193) | 0.9859 (0.0192) | 0.9763 (0.0192) | 0.9746 (0.0193) | 1.0007 (0.0196) |
| 75 | 1.0140 (0.0140) | 0.9939 (0.0133) | 0.9906 (0.0133) | 0.9841 (0.0132) | 0.9809 (0.0133) | 1.0005 (0.0134) |
| 100 | 1.0101 (0.0103) | 0.9950 (0.0099) | 0.9925 (0.0099) | 0.9876 (0.0099) | 0.9852 (0.0099) | 1.0000 (0.0100) |

由图 3.2 ~ 图 3.13，以及表 3.1、表 3.2 和大量的数值模拟可知，LINEX 损失函数受形状参数 $c$ 的影响。当 $n$ 较小时，各风险函数的图像相差较大，各类估计的均方误差差别也较大，但是随着样本容量 $n$ 的增大，特别是当 $n > 50$ 时，各类风险函数趋于一致，各类估计的均方误差也随着 $n$ 的增大而变小。当 $n$ 较小时，可以将图像中对应于超参数 $d$ 和 $c$ 的风险函数较小的 Bayes 估计作为备选的参数估计值；当 $n$ 较大（特别当 $n > 50$ 时），由于各个 Bayes 估计受先验参数 $d$ 的影响较小，此时每个 Bayes 估计均可以作为参数的备选估计值。

## 3.2　艾拉姆咖分布模型参数的 Bayes 统计推断研究

### 3.2.1　艾拉姆咖分布模型简介

在可靠性维修和保障性基础数据处理领域，最常用到的分布为指数分布、正态分布、对数正态分布及威布尔分布，但在实际应用中，如修理时间、保障延误时间的分布用以上几种分布拟合有时不尽如人意，此时艾拉姆咖（ЭРланга）分布作为一种合适的替代分布而被提出[106]。文献 [106] 研究了艾拉姆咖分布的均值、方差和中位寿命等特征并导出了参数 $\theta$ 的最大似然估计，并通过实例说明了该种分布的可行性和实用性。文献 [107] 研究了小样本情形下艾拉姆咖分布的区间估计和假设检验问题并通过实例说明在对装备维修工时的估计中用艾拉姆咖分布进行估计的精度比用指数分布高。文献 [108] 首先给出了艾拉姆咖分布在定数截尾场合下参数的极大似然估计，并通过 Monte Carlo 模拟考察了估计的精度；其次在全样本场合下给出了参数的逆矩估计。

最近几年，艾拉姆咖分布（ЭРланга）作为一类重要的寿命分布得到了很多学者的关注和研究。例如，文献 [109] 基于定数截尾样本，在平方误差损失以及参数的先验分布分别取共轭、Jeffreys 和无信息三种先验分布下，讨论了艾拉姆咖分布模型参数的 Bayes 估计问题。文献 [110] 研究了基于定数截尾样本的艾拉姆咖分布均值比的极大似然估计和拟矩估计问题。文献 [111] 在 Mlinex 损失函数下研究了艾拉姆咖分布参数的 Bayes 估计并讨论了估计的可容许性问题。文献 [112] 研究了基于负相协（NA）样本的艾拉姆咖分布参数的经验 Bayes 检验问题。

基于 Bayes 方法的过程能力指标的统计推断研究大部分还只局限于平方误差损失函数的讨论。然而 LINEX 损失和熵损失函数等非对称损失函数在刻画产品的可靠性和失效率方面更符合客观实际。非对称损失函数下研究产品寿命绩效的统计推断问题具有理论价值和实际应用意义。为此本节以熵损失函数为出发点研究艾拉姆咖分布产品寿命绩效的 Bayes 统计推断问题，首先得出寿命绩效指标的 Bayes 估计，并进一步地提出相应的 Bayes 假设检验程序，进而为企业工程师在检验产品的寿命绩效是否合乎标准时提供参考。

设维修时间 $T$ 服从参数为 $\theta$ 的艾拉姆咖分布，相应的概率密度函数和分布函数分别为：

$$f(t;\theta) = \frac{4t}{\theta^2}\mathrm{e}^{-\frac{2t}{\theta}}, \qquad t \geq 0, \theta > 0 \tag{3.25}$$

和

$$F(t;\theta) = 1 - \left(1 + \frac{2t}{\theta}\right)\mathrm{e}^{-\frac{2t}{\theta}}, \qquad t \geq 0, \theta > 0 \tag{3.26}$$

由于 $ET = \theta$，故 $\theta$ 又常称为装备的平均修复时间。

### 3.2.2 艾拉姆咖分布模型平均修复时间的 Bayes 估计

本节在平方误差损失和 LINEX 损失函数下研究艾拉姆咖分布平均修复时间，即参数 $\theta$ 的 Bayes 估计和经验 Bayes 估计问题。

#### 3.2.2.1 最大似然估计

设维修时间 $T_1$，$T_2$，$\cdots$，$T_n$ 为来自艾拉姆咖分布（3.25）的容量为 $n$ 的一个简单随机样本，其中 $(t_1, t_2, \cdots, t_n)$ 为 $(T_1, T_2, \cdots, T_n)$ 的样本观测值。给定 $(t_1, t_2, \cdots, t_n)$ 下参数 $\theta$ 的似然函数为：

$$l(\theta) = \prod_{i=1}^{n} f(t_i;\theta) = \prod_{i=1}^{n} \frac{4t_i}{\theta^2}\mathrm{e}^{-\frac{2t_i}{\theta}} \tag{3.27}$$

相应的对数似然函数为：

$$\ln l(\theta) = \sum_{i=1}^{n} \ln 4t_i - 2n\ln\theta - \frac{2}{\theta}\sum_{i=1}^{n} t_i \tag{3.28}$$

从而似然方程为：

$$\frac{\partial \ln l(\theta)}{\partial \theta} = -\frac{2n}{\theta} + \frac{2}{\theta^2}\sum_{i=1}^{n} t_i = 0 \tag{3.29}$$

于是参数 $\theta$ 的最大似然估计为：

$$\hat{\theta} = \frac{1}{n}\sum_{i=1}^{n} T_i = \overline{T} \tag{3.30}$$

### 3.2.2.2 Bayes 和经验 Bayes 估计

Bayes 统计推断和损失函数紧密相关，最常用的对称损失函数为平方误差损失，最常用的非对称损失函数为 LINEX 损失函数，因此在这一部分，我们将考虑在这两种损失函数下讨论艾拉姆咖分布参数的 Bayes 和经验 Bayes 估计问题。以下均设 $T_1, T_2, \cdots, T_n$ 为来自艾拉姆咖分布的容量为 $n$ 的一个样本，本节在平方误差损失和 LINEX 损失函数下研究艾拉姆咖分布参数的 Bayes 估计问题。

**定理 3.2** 设 $T_1$，$T_2$，$\cdots$，$T_n$ 为来自艾拉姆咖分布（3.25）的容量为 $n$ 的一个简单随机样本，其中假设参数 $\theta$ 的先验分布为倒伽玛分布 $I\Gamma(\alpha, \beta)$，相应的概率密度函数为：

$$\pi(\theta;\alpha,\beta) = \frac{\beta^{\alpha}}{\Gamma(\alpha)} \theta^{-(\alpha+1)} e^{-\beta/\theta}, \quad \theta > 0, \alpha, \beta > 0 \tag{3.31}$$

式中，$(t_1, t_2, \cdots, t_n)$ 为 $(T_1, T_2, \cdots, T_n)$ 的样本观测值，则有如下结论：

（1）在平方误差损失函数下，参数 $\theta$ 的 Bayes 估计为：

$$\hat{\theta}_{\mathrm{BS}} = \frac{\beta + 2T}{2n + \alpha - 1} \tag{3.32}$$

（2）在 LINEX 损失函数下，参数 $\theta$ 的 Bayes 估计为：

$$\hat{\theta}_{\mathrm{BL}} = \frac{1 - \exp\left(-\dfrac{c}{2n + \alpha + 1}\right)}{c}(\beta + 2T) \tag{3.33}$$

**证明** 令 $t = \sum\limits_{i=1}^{n} t_i$，则由式（3.27）、式（3.31）及 Bayes 公式，可以得到参数 $\theta$ 的后验概率密度函数为：

$$\begin{aligned}
h(\theta \mid x) &\propto l(\theta) \cdot \pi(\theta;\alpha,\beta) \\
&\propto \theta^{-2n} e^{-2t/\theta} \theta^{-(\alpha+1)} e^{-\beta/\theta} \\
&= \theta^{-(2n+\alpha+1)} e^{-(\beta+2t)\theta}
\end{aligned} \tag{3.34}$$

从而 $\theta$ 的后验分布为倒伽玛分布 $I\Gamma(2n + \alpha, \beta + 2t)$。则：

（1）在平方误差损失函数下 $\theta$ 的 Bayes 估计为：

$$\hat{\theta}_{\mathrm{BS}} = E(\theta \mid T) = \frac{\beta + 2T}{2n + \alpha - 1}$$

（2）由于：

$$E\left[\frac{1}{\theta}\exp\left(\frac{\hat{\theta}_{BL}}{\theta}\right)\mid T\right]$$

$$= \int_0^{+\infty} \frac{1}{\theta} e^{\hat{\theta}_{BL}/\theta} \frac{(\beta + 2T)^{2n+\alpha}}{\Gamma(2n+\alpha)} \theta^{-(2n+\alpha+1)} e^{-(\beta+2T)/\theta} d\theta$$

$$= \frac{(\beta + 2T)^{2n+\alpha}}{\Gamma(2n+\alpha)} \cdot \frac{\Gamma(2n+\alpha+1)}{(\beta + 2T - \hat{\theta}_{BL})^{2n+\alpha+1}}$$

$$= \frac{2n+\alpha}{\beta + 2T + \hat{\theta}_{BL}}\left(\frac{\beta + 2T}{\beta + 2T - \hat{\theta}_{BL}}\right)^{2n+\alpha} \tag{3.35}$$

$$e^c E\left(\frac{1}{\theta}\mid T\right)$$

$$= e^c \int_0^{+\infty} \frac{1}{\theta} \frac{(\beta + 2T)^{2n+\alpha}}{\Gamma(2n+\alpha)} \theta^{-(2n+\alpha+1)} e^{-(\beta+2T)/\theta} d\theta$$

$$= e^c \frac{(\beta + 2T)^{2n+\alpha}}{\Gamma(2n+\alpha)} \cdot \frac{\Gamma(2n+\alpha+1)}{(\beta + 2T)^{2n+\alpha+1}}$$

$$= e^c \frac{2n+\alpha}{\beta + 2T} \tag{3.36}$$

则由式（3.7），我们可以得到在 LINEX 损失函数下，参数 $\theta$ 的 Bayes 估计：

$$\hat{\theta}_{BL} = \frac{1 - \exp\left(-\dfrac{c}{2n+\alpha+1}\right)}{c}(\beta + 2T)$$

**注 3.2** 当超参数 $\alpha$ 已知时，定理 3.2 中的 Bayes 估计依赖于超参数 $\beta$ 的选取，且当超参数 $\beta$ 未知时，我们可借用经验 Bayes 估计方法进行估计。由式（3.31）和式（3.34）可以得到 $(T_1, T_2, \cdots, T_n)$ 的边缘概率密度函数：

$$m(t;\beta) = \int_0^\infty f(t;\theta)\pi(\theta;\alpha,\beta) d\theta$$

$$= \int_0^\infty l(\theta)\pi(\theta;\alpha,\beta) d\theta$$

$$= \int_0^\infty \theta^{-2n} \prod_{i=1}^n 4t_i \cdot e^{-2t/\theta} \cdot \frac{\beta^\alpha}{\Gamma(\alpha)} \theta^{-(\alpha+1)} e^{-\beta/\theta} d\theta$$

$$= \frac{\beta^\alpha}{\Gamma(\alpha)} \frac{\Gamma(2n+\alpha)}{(\beta + 2t)^{2n+\alpha}} \prod_{i=1}^n 4t_i \tag{3.37}$$

令 $\dfrac{\mathrm{d}m(t;\beta)}{\mathrm{d}\beta}=0$，可以解得参数 $\beta$ 的最大似然估计：

$$\hat{\beta}=\frac{\alpha}{n}T \qquad (3.38)$$

现在用 $\hat{\beta}$ 代替定理 3.2 中得到的 Bayes 估计中的参数 $\beta$，得到参数 $\theta$ 的经验 Bayes 估计分别为：

$$\hat{\theta}_{\mathrm{EBS}}=\frac{(\alpha/n+2)T}{2n+\alpha-1}=\frac{2n+\alpha}{n(2n+\alpha-1)}T \qquad (3.39)$$

$$\hat{\theta}_{\mathrm{EBL}}=\frac{1-\exp\left(-\dfrac{c}{2n+\alpha+1}\right)}{c}\left(\frac{\alpha}{n}+2\right)T \qquad (3.40)$$

### 3.2.2.3  数值模拟例子和结论

利用 Monte Carlo 数值模拟生成服从参数 $\theta=2.0$ 的容量为 $n=20$ 的艾拉姆咖分布的简单随机样本，重复试验 $N=2000$ 次，用估计的平均值 $\hat{\theta}=\dfrac{1}{N}\displaystyle\sum_{i=1}^{N}\hat{\theta}_i$ 作为参数 $\theta$ 的估计值，利用估计的均方误差 $ER(\hat{\theta})=\dfrac{1}{N}\displaystyle\sum_{i=1}^{N}(\hat{\theta}_i-\theta)^2$ 来评价估计的优良性，其中 $\hat{\theta}_i$ 为第 $i$ 次试验时参数 $\theta$ 的估计值，LINEX 损失函数中 $c=1.0$。

由表 3.3 和大量的数值模拟试验可以得出如下结论：

（1）随着样本容量 $n$ 的增大，各参数估计值的均方误差均减小，估计值也更加接近真值；

（2）参数的 Bayes 和经验 Bayes 估计值在样本量较小的情况下受到超参数的影响较大，但随着样本量的增加超参数对估计值的影响变小，LINEX 损失函数下参数的 Bayes 和经验 Bayes 估计还受到形状参数 $c$ 的影响。

**表 3.3  参数的 MLE 及 Bayes 和经验 Bayes 估计值**（$n=20$）

| $n$ | 20 | | 50 | | 100 | |
|---|---|---|---|---|---|---|
| $(\alpha,\beta)$ | (0.5, 0.5) | (1.5, 2) | (0.5, 0.5) | (1.5, 2) | (0.5, 0.5) | (1.5, 2) |
| $\hat{\theta}_{\mathrm{MLE}}$ | 2.0023 | 2.0034 | 2.0009 | 2.002 | 2.001 | 2.0007 |
| | (0.1029) | (0.0976) | (0.0393) | (0.0381) | (0.0401) | (0.0207) |

续表 3.3

| $n$ | 20 | | 50 | | 100 | |
|---|---|---|---|---|---|---|
| $\hat{\theta}_{BS}$ | 2.0403 | 2.0281 | 2.016 | 2.0119 | 2.016 | 2.0057 |
| | (0.1072) | (0.096) | (0.040) | (0.0379) | (0.0407) | (0.0206) |
| $\hat{\theta}_{BL}$ | 1.9188 | 1.9101 | 1.9665 | 1.9630 | 1.9666 | 1.9810 |
| | (0.0999) | (0.0925) | (0.0389) | (0.0373) | (0.0396) | (0.0204) |
| $\hat{\theta}_{EBS}$ | 2.0283 | 1.9805 | 2.011 | 1.9923 | 2.0111 | 1.9958 |
| | (0.1064) | (0.0956) | (0.0399) | (0.0378) | (0.0406) | (0.0206) |
| $\hat{\theta}_{EBL}$ | 1.9075 | 1.8653 | 1.9617 | 1.9439 | 1.9618 | 1.9712 |
| | (0.1019) | (0.1026) | (0.0393) | (0.0391) | (0.0400) | (0.0209) |

### 3.2.3　艾拉姆咖分布产品寿命绩效指标的 Bayes 统计推断

#### 3.2.3.1　寿命绩效指标简介

在高科技产业中，产品的寿命往往是人们关注的重点，主要是因为现代产品越来越精密和复杂，在选购产品时，人们都希望对所选购的产品的使用寿命能有所保障。而制造商为了增加产品的竞争力与提高消费者对产品的爱好程度，需要比以往更为重视产品的品质改进以及可靠度的评估和改善等工作。在众多对产品评估的绩效方法中，过程能力指标（process capability indices）是一个有效且方便的品质绩效评估工具，它作为企业最广泛使用的统计过程控制工具之一，在促进质量保证、降低成本以及提高顾客满意度等方面发挥着巨大作用[113~118]。过程能力指标近年来已被广泛地使用在过程能力与产品寿命绩效的数值测量上，其目的在于了解过程是否达到规格和品质的要求，进而改善制造过程。目前有许多过程能力指数被用来评估过程的能力，但是实际应用中，以下几种过程能力指数仍然是现在最常用的。

最早是由 Juran（1974）[119]提出了第一个过程能力指标，其定义如下：

$$C_P = \frac{\text{USL} - \text{LSL}}{6\sigma} \tag{3.41}$$

式中，USL 和 LSL 分别为过程的规格上限和规格下限；$\sigma$ 是过程的标准差。

但 $C_P$ 未能考虑过程平均值是否偏离规格中心，为了改善 $C_P$ 指标的缺点，Kane（1986）提出了过程能力指标 $C_{pk}$，其定义如下[120]：

$$C_{pk} = \frac{d - |\mu - M|}{3\sigma} = \frac{\min\{USL - \mu, \mu - LSL\}}{3\sigma} \tag{3.42}$$

式中，$\mu$ 是过程均值。

Boyles（1991）发现 $C_p$ 和 $C_{pk}$ 这两个指标没有考虑到过程平均值偏离目标 $T$ 所带来的影响，于是根据 Chan 等（1988）提出的田口损失函数的概念，提出了一类新的过程能力指标[121]：

$$C_{pm} = \frac{d}{6\sqrt{\sigma^2 + (\mu - T)^2}} = \frac{d}{6\sqrt{E[(X - T)^2]}} \tag{3.43}$$

当过程平均偏离了目标值时，则过程会有一个平方损失，所以过程指标 $C_{pm}$ 更适用于各种不同规格界限的情况。

此外，Pearn 等（1992）结合了 $C_{pk}$ 和 $C_{pm}$ 的观点，依据规格上下界与目标值的非对称性提出了 $C_{pmk}$ 指标，其定义如下[122]：

$$C_{pmk} = \min\left\{\frac{USL - \mu}{3\sqrt{\sigma^2 + (\mu - T)^2}}, \frac{\mu - LSL}{3\sqrt{\sigma^2 + (\mu - T)^2}}\right\} \tag{3.44}$$

以上四个过程能力指标都是评估在双边规格下具有望目型品质特性（the target-the-best type quality characteristic）的过程能力指标。

对于与产品寿命相关的产品，一般来说，顾客都希望产品的寿命越长越好，而且产品的寿命越长则表示其品质越好，所以产品寿命的品质特征是属于望大型（the larger-the-better type）的品质特征。于是 Montgomery（1985）提出使用一种特殊的单边规格过程能力指标[123]：

$$C_L = \frac{\mu - L}{\sigma} \tag{3.45}$$

来衡量产品的寿命绩效，其中 $L$ 是规格下界。

由于 $C_L$ 用来评估产品寿命绩效，故常被称为寿命绩效指标。近年来，在产品寿命服从不同分布的寿命绩效指标 $C_L$ 得到了众多学者的关注和研究。如文献 [124] 基于次序统计量样本讨论了指数分布产品寿命绩效指标的估计和假设检验问题；文献 [125] 针对定数截尾样本研究了产品寿命数据为模糊数据情形下的正态分布产品的寿命绩效指标的统计推断问题；文献 [126] 基于逐步递增的 Ⅱ 截尾寿命数据，讨论了一类特殊的指数分布族产品寿命绩效的最大似然估计和检验程序法。上述关于寿命绩效指标 $C_L$ 的研究都是在经典统计框架下进行讨论的，利用 Bayes 方法研究的还不多见。文献 [127] 利用 Bayes 统计方法，在参数的先验分布为共轭伽玛分布下研究了指数分布产品的寿命绩效指标的 Bayes 估计和 Bayes 检验问题。本节研究产品寿命服从艾拉姆咖分布的寿命绩效指标的 Bayes 统计推断问题。

设产品的寿命 $X$ 服从艾拉姆咖分布，相应的概率密度和分布函数分别为：

$$f(x;\theta) = 4x\theta^2 e^{-2\theta x}, \quad x \geqslant 0, \theta > 0 \tag{3.46}$$

$$F(x;\theta) = 1 - (1 + 2\theta x)e^{-2\theta x}, \quad x \geqslant 0, \theta > 0 \tag{3.47}$$

式中，$\theta$ 为未知参数。

通过直接计算可以得到艾拉姆咖分布随机变量 $X$ 的均值为 $\mu = EX = 1/\theta$，标准差为 $\sigma = \sqrt{\mathrm{Var}(X)} = 1/\sqrt{2}\theta$。故产品的寿命绩效指标 $C_L$ 可改写为：

$$C_L = \frac{\mu - L}{\sigma} = \frac{1/\theta - L}{1/\sqrt{2}\theta} = \sqrt{2}(1 - \theta L) \tag{3.48}$$

艾拉姆咖分布的失效率函数 $r(x)$ 为：

$$r(x;\theta) = \frac{f(x \mid \theta)}{1 - F(x \mid \theta)} = \frac{4x\theta^2}{1 + 2x\theta} \tag{3.49}$$

注意到当产品的平均寿命 $\mu = 1/\theta > L$ 时，寿命绩效指标 $C_L > 0$。对比式 (3.48) 和式 (3.49) 可知，当产品的平均寿命 $\mu = 1/\theta$ 越大时其失效率 $r(x)$ 相对的就越小，而寿命绩效指标 $C_L$ 的值会越大；反之，当产品的平均寿命 $\mu = 1/\theta < L$ 时，寿命绩效指标 $C_L < 0$ 且当 $\mu = 1/\theta$ 越小时，失效率 $r(x)$ 越大，而寿命绩效指标 $C_L$ 的值会越小。从上面的分析可知，$C_L$ 能够较好地反映出产品寿命的绩效。为便于后面的讨论，给出如下的产品合格率的定义。

**定义 3.1** 设产品的寿命为随机变量 $X$，产品寿命的规格下界为 $L$，即当 $X \geqslant L$ 时，视该产品为合格品。则产品的合格率定义为：

$$P_r = P(X \geqslant L) \tag{3.50}$$

对于艾拉姆咖寿命产品，其合格率为：

$$\begin{aligned}
P_r &= P(X \geqslant L) = \int_L^\infty 4x\theta^2 e^{-2\theta x}\,\mathrm{d}x \\
&= (1 + 2\theta L)e^{-2\theta L} \\
&= (3 - \sqrt{2}C_L)e^{\sqrt{2}C_L - 2}, \quad -\infty < C_L < \sqrt{2}
\end{aligned} \tag{3.51}$$

从式（3.51）可以看出，产品的合格率 $P_r$ 与寿命绩效指标 $C_L$ 是一一对应的，部分计算结果见表3.4。只要知道 $C_L$ 的值，就可以马上计算出产品的合格率 $P_r$ 的值。

虽然产品的合格率 $P_r$ 的值可以直接由合格的产品数除以抽样的产品总数进行估计，但是文献［123］指出，要精确估计 $P_r$ 需要较多的样本数，而产品的寿命试验属于破坏性的，基于成本的考量，不太可能抽取大量的样本。此外，随着科技的进步产品的寿命越来越长，因此通过抽取大量样本来估计合格率 $P_r$ 不符合经济效益。由于 Bayes 估计可以利用专家经验和历史样本信息，能够用少量的样本就可以较精确的估计出 $C_L$ 的值进而得到格率 $P_r$ 的值。因而 $C_L$ 可以作为改善产品品质的一种方便而有效的管理工具。

表 3.4  寿命绩效指标 $C_L$ 与合格率的数值对照表

| $C_L$ | $P_r$ | $C_L$ | $P_r$ | $C_L$ | $P_r$ |
|---|---|---|---|---|---|
| $-\infty$ | 0.00000 | 0.125 | 0.41686 | 0.575 | 0.65377 |
| $-3.00$ | 0.01832 | 0.150 | 0.42741 | 0.600 | 0.67032 |
| $-2.75$ | 0.02352 | 0.175 | 0.43823 | 0.625 | 0.68729 |
| $-2.50$ | 0.03020 | 0.200 | 0.44933 | 0.650 | 0.70469 |
| $-2.25$ | 0.03877 | 0.225 | 0.46070 | 0.625 | 0.72253 |
| $-2.00$ | 0.04979 | 0.250 | 0.47237 | 0.700 | 0.74082 |
| $-1.75$ | 0.06393 | 0.275 | 0.48432 | 0.725 | 0.75957 |
| $-1.50$ | 0.08209 | 0.300 | 0.49659 | 0.750 | 0.77880 |
| $-1.25$ | 0.10540 | 0.325 | 0.50916 | 0.775 | 0.79852 |
| $-1.00$ | 0.13534 | 0.350 | 0.52205 | 0.800 | 0.81873 |
| $-0.75$ | 0.17377 | 0.375 | 0.53526 | 0.825 | 0.83946 |
| $-0.50$ | 0.22313 | 0.400 | 0.54881 | 0.850 | 0.86071 |
| $-0.25$ | 0.28650 | 0.425 | 0.56270 | 0.875 | 0.88250 |
| 0.000 | 0.36788 | 0.450 | 0.57695 | 0.900 | 0.90484 |
| 0.025 | 0.37719 | 0.475 | 0.59156 | 0.925 | 0.92774 |
| 0.050 | 0.38674 | 0.500 | 0.60653 | 0.950 | 0.95123 |
| 0.075 | 0.39657 | 0.525 | 0.62189 | 0.975 | 0.97531 |
| 0.100 | 0.40657 | 0.550 | 0.63763 | 1.000 | 1.00000 |

### 3.2.3.2 艾拉姆咖分布产品寿命绩效指标的 Bayes 估计

本节在熵损失函数下讨论艾拉姆咖产品寿命绩效的 Bayes 估计问题。由于 Bayes 估计离不开参数的先验分布，这里假设参数 $\theta$ 的先验分布为伽玛分布 $\Gamma(\alpha,\beta)$，即概率密度函数为：

$$\pi(\theta;\alpha,\beta) = \frac{\beta^{\alpha}}{\Gamma(\alpha)}\theta^{\alpha-1}\mathrm{e}^{-\beta\theta}, \quad \alpha,\beta>0, \theta>0 \tag{3.52}$$

设 $X_1, X_2, \cdots, X_n$ 为产品寿命服从艾拉姆咖分布（3.46）的容量为 $n$ 的简单随机样本，$x=(x_1,x_2,\cdots,x_n)$ 为 $X=(X_1,X_2,\cdots,X_n)$ 的样本观测值，$t=\sum_{i=1}^{n}x_i$ 为统计量 $T=\sum_{i=1}^{n}X_i$ 的样本观测值，则给定 $x=(x_1,x_2,\cdots,x_n)$，参数 $\theta$ 的似然函数为：

$$\begin{aligned}
l(\theta;x) &= \prod_{i=1}^{n}f(x_i;\theta) = \prod_{i=1}^{n}4\theta^2 x_i\mathrm{e}^{-2\theta x_i} \\
&= \theta^{2n}\cdot\left(\prod_{i=1}^{n}4x_i\right)\cdot\mathrm{e}^{-2\theta\sum_{i=1}^{n}x_i} \\
&\propto \theta^{2n}\cdot\mathrm{e}^{-\theta t}
\end{aligned} \tag{3.53}$$

易证统计量 $T$ 服从伽玛分布 $\Gamma(2n, \theta)$，相应的概率密度函数为：

$$f_T(t;\theta) = \frac{\theta^n}{\Gamma(2n)}t^{2n-1}\mathrm{e}^{-\theta t}, \quad t>0, \theta>0 \tag{3.54}$$

相应于艾拉姆咖分布的熵损失函数为：

$$\begin{aligned}
L(\theta,\delta) &= E_\theta\left[\ln\frac{f(\theta;X)}{f(\delta;X)}\right] = E_\theta\left(\ln\frac{\theta^{2n}\mathrm{e}^{-\theta T}}{\delta^{2n}\mathrm{e}^{-\delta T}}\right) \\
&= 2n\ln\frac{\theta}{\delta} + E(T)(\delta-\theta) \\
&= 2n\ln\frac{\theta}{\delta} + \frac{2n}{\theta}(\delta-\theta)
\end{aligned}$$

即

$$L(\theta,\delta) = 2n\left(\frac{\delta}{\theta} - \ln\frac{\delta}{\theta} - 1\right) \tag{3.55}$$

**引理 3.1**[128]　设 $\delta$ 为参数 $\theta$ 的判别空间的一个估计，则在熵损失函数 (3.55) 下，对于任意的先验分布 $\pi(\theta)$，$\theta$ 的 Bayes 估计为：$\hat{\delta}_B = [E(\theta^{-1} \mid X)]^{-1}$，并且当假定 Bayes 风险 $r(\delta) = E[L(\theta,\delta)] < +\infty$ 时解是唯一的。

**定理 3.3**　设 $X_1$，$X_2$，$\cdots$，$X_n$ 为产品寿命服从艾拉姆咖分布 (3.46) 的容量为 $n$ 的一组样本，$T = \sum_{i=1}^{n} X_i$。假设参数 $\theta$ 的先验分布为伽玛分布 $\Gamma(\alpha,\beta)$，则在熵损失函数 (3.55) 下，寿命绩效指标 $C_L$ 的 Bayes 估计为：

$$\hat{C}_{BL} = \sqrt{2}\left(1 - \frac{2n+\alpha-1}{T+\beta} \cdot L\right) \tag{3.56}$$

**证明**　由 Bayes 定理知，参数 $\theta$ 的后验概率密度为：

$$h(\theta \mid x) \propto l(\theta;x) \cdot \pi(\theta)$$

$$\propto \theta^{2n} \mathrm{e}^{-\theta t} \cdot \frac{\beta^{\alpha}}{\Gamma(\alpha)} \theta^{\alpha-1} \mathrm{e}^{-\beta\theta}$$

$$\propto \theta^{2n+\alpha-1} \mathrm{e}^{-(\beta+t)\theta}$$

这说明概率密度函数 $h(\theta \mid x)$ 仍为伽玛分布的概率密度函数，即有 $\theta \mid X \sim \Gamma(2n+\alpha, \beta+T)$，则在熵损失函数 (3.55) 下，参数 $\theta$ 的 Bayes 估计为：

$$\hat{\theta}_B = [E(\theta^{-1} \mid X)]^{-1} = \left(\frac{T+\beta}{2n+\alpha-1}\right)^{-1} = \frac{2n+\alpha-1}{T+\beta}$$

从而寿命绩效指标 $C_L$ 的 Bayes 估计为：

$$\hat{C}_{BL} = \sqrt{2}(1 - \hat{\theta}_B L) = \sqrt{2}\left(1 - \frac{2n+\alpha-1}{T+\beta} \cdot L\right)$$

### 3.2.3.3 艾拉姆咖分布产品寿命绩效指标的 Bayes 检验

由于产品寿命绩效指标 $C_L$ 的点估计是根据样本来估计的，而抽样过程会有抽样误差的存在，因此若只根据点估计来判定过程能力是否符合标准可能会带来误判。需要构造寿命绩效指标 $C_L$ 的假设检验程序来判定产品的寿命绩效指标是否符合标准。通过构造枢轴量 $Y = 2\theta(\beta + T) \mid X$，在给定显著性水平 $\gamma$ 下，寿命绩效指标 $C_L$ 的单边置信下限可以采用如下的方法进行构造。

由 $\theta \mid X \sim \Gamma(2n+\alpha, \beta+T)$ 知：

$$Y = 2\theta(\beta + T) \mid X \sim \chi^2(2(2n+\alpha))$$

设 $\chi^2_{1-\gamma}(2(n+\alpha))$ 为卡方分布 $\chi^2(2(n+\alpha))$ 的 $1-\gamma$ 分位数，则有：

$$P(2\theta(\beta+T) \leqslant \chi^2_{1-\gamma}(2(2n+\alpha)) \mid X) = 1-\gamma$$

即：

$$P\left(\theta \leqslant \frac{\chi^2_{1-\gamma}(2(2n+\alpha))}{2(\beta+T)} \mid X\right) = 1-\gamma$$

也可以写成：

$$P\left(1-\theta L \geqslant 1 - L \cdot \frac{\chi^2_{1-\gamma}(2(2n+\alpha))}{2(\beta+T)} \mid X\right) = 1-\gamma$$

于是得到寿命绩效指标 $C_L = \sqrt{2}(1-\theta L)$ 的置信水平为 $1-\gamma$ 的置信下限：

$$\underline{LB} = 1 - \left(1 - \frac{\sqrt{2}}{2}\hat{C}_{BL}\right) \cdot \frac{\chi^2_{1-\gamma}(2(2n+\alpha))}{2(2n+\alpha-1)} \tag{3.57}$$

这里 $C_{BL} = \sqrt{2}\left(1 - \frac{2n+\alpha-1}{T+\beta} \cdot L\right)$。

供应商可以根据单边置信区间来确定产品寿命是否符合标准。具体的检验步骤如下：

**步骤 1**　确定产品寿命的规格下界 $L$、寿命绩效指标的目标值 $c$，则可以建立如下检验：

$$零假设 H_0 : C_L \leqslant c \ 和备择假设 H_1 : C_L > c$$

**步骤 2**　给定显著性水平 $\gamma$；

**步骤 3**　给定先验超参数 $\alpha$ 和 $\beta$，根据式（3.57）计算 $C_L$ 的置信水平为 $1-\gamma$ 的单边置信下限 $\underline{LB}$；

**步骤 4**　$C_L$ 的 Bayes 检验规则如下：

（1）当目标值 $c \notin [\underline{LB}, \infty)$，则拒绝 $H_0$，认为产品的寿命达到厂商所要求的标准；

（2）当目标值 $c \in [\underline{LB}, \infty)$，则不能拒绝 $H_0$，认为产品的寿命没有达到厂商要求的标准。

### 3.2.3.4　算例分析

下面通过 Monte Carlo 统计模拟数据来说明本节所提出的检验方法的有效性和实用性。生成 $\theta=0.1$ 的艾拉姆咖分布（3.46）的容量为 $n=20$ 的样本，数据见表 3.5。

**表 3.5 数据资料**

艾拉姆咖分布数据（$\theta = 0.1$）

| 7.4257 | 24.5898 | 5.5842 | 2.8196 | 6.6865 | 6.8270 | 23.5601 | 6.9372 | 5.7802 | 10.2454 |
|---|---|---|---|---|---|---|---|---|---|
| 11.5358 | 2.5866 | 4.4065 | 6.4306 | 19.2012 | 15.9304 | 8.1475 | 1.7634 | 23.5664 | 8.6033 |

假设这组数据为某产品的寿命，下面利用这组数据来说明本节所提出的检验方法，步骤如下。

**步骤 1** 假定规格下界为 $L = 3.0838$。若要求合格率 $P_r$ 必须达到 90% 以上，则由公式（3.51）计算得到 $C_L$ 要超过 0.90，因此寿命绩效指标 $C_L$ 的目标值 $c$ 设定为 0.9781，构造如下统计假设：

$$零假设 \ H_0 : C_L \leqslant 0.90 \ 和备择假设 \ H_1 : C_L > 0.90$$

**步骤 2** 给定显著性水平 $\gamma = 0.10$；

**步骤 3** 给定先验超参数 $\alpha = 1$ 和 $\beta = 1$，计算 $\hat{C}_{BL} = 0.5447$，根据式（3.57）计算 $C_L$ 的置信水平为 $1 - \gamma$ 的单边置信下限 $\underline{LB} = 0.2408$；

**步骤 4** 因为 $c = 0.9781 \in [\underline{LB}, \infty)$，故接受 $H_0$，从而认为产品的寿命达到厂商所要求的标准。

对寿命服从艾拉姆咖分布产品的寿命绩效检验问题，本节在熵损失函数下研究了寿命绩效指标的 Bayes 估计，并进一步提出了寿命绩效指标的 Bayes 检验方法。本节所提出的检验方法利用常用软件如 Excel、Matlab 等进行程序化计算，便于以简单明了的形式提供给工程师在检验产品寿命绩效时参考。

## 3.3 比例危险率模型参数的 Bayes 统计推断

### 3.3.1 比例危险率模型简介

比例危险率模型[129]作为生存分析、可靠性寿命试验以及质量控制领域中一类重要分布参数模型，其应用及相关的统计推断研究引起了众多学者的关注和研究。文献［130］在平方误差损失函数下给出了比例危险率模型参数的 Bayes 估计以及经验 Bayes 估计；文献［131］讨论了比例危险率模型参数的损失函数和风险函数的 Bayes 统计推断问题；文献［132］在熵损失函数下讨论了比例危险率模型参数的 Bayes 估计以及一类线性形式估计的可容许性问题；文献［133］基于逐步递增的 Ⅱ 型截尾样本讨论了比例危险率模型参数以及生存函数和危险率函数的 Bayes 估计及经验 Bayes 估计问题。

设随机变量 $X$ 服从参数为 $\theta$ 的比例危险率模型，相应的概率密度函数和分布函数分别为：

$$f(x;\theta) = \theta^{-1}g(x)\left[\,G(x)\,\right]^{\theta-1}, \quad -\infty \leqslant A < x < B \leqslant \infty \qquad (3.58)$$

和

$$F(x;\theta) = 1 - \left[\,G(x)\,\right]^{\theta}, \quad -\infty \leqslant A < x < B \leqslant \infty \qquad (3.59)$$

其中 $G(x)$ 为单调递减的可微函数，$g(x) = G'(x) > 0$，且有：$G(A) = 1$，$G(B) = 0$。

### 3.3.2  比例危险率模型参数的 Bayes 估计

本节在加权平方误差损失、对数误差平方损失和 MLINEX 损失函数下，讨论比例危险率模型参数的 Bayes 估计问题。

（1）加权平方误差损失函数的函数表达式为：

$$L_1(\theta,\delta) = \frac{(\delta - \theta)^2}{\theta^2} \qquad (3.60)$$

在加权平方误差损失函数（3.60）下，参数 $\theta$ 的 Bayes 估计为：

$$\hat{\delta}_{BS} = \frac{E(\theta^{-1} \mid X)}{E(\theta^{-2} \mid X)} \qquad (3.61)$$

（2）对数误差平方损失函数[134]的函数表达式为：

$$L_2(\theta,\delta) = (\ln\delta - \ln\theta)^2 \qquad (3.62)$$

此损失函数并不总是凸的，当 $\dfrac{\delta}{\theta} \leqslant e$ 时，为凸的；当 $\dfrac{\delta}{\theta} \geqslant e$ 时，为凹的。但它的风险函数存在唯一最小解：

$$\hat{\delta}_{BSL} = \exp\left[\,E(\ln\theta \mid X)\,\right] \qquad (3.63)$$

（3）MLINEX 损失函数由 Podder[135] 提出，作为 LINEX 损失的一种扩展，其函数表达式为：

$$L_3(\theta,\delta) = w\left[\left(\frac{\delta}{\theta}\right)^c - c\ln\left(\frac{\delta}{\theta}\right) - 1\right], \quad c \neq 0, w > 0 \qquad (3.64)$$

此损失函数为非对称损失函数，当 $\frac{\delta}{\theta} = 1$ 时，损失函数 $L_2(\theta, \delta) = 0$，令 $R = \frac{\delta}{\theta}$，则相对误差函数 $L_2(R)$ 在 $R = 1$ 处取得最小值。如果令 $D = \ln R = \ln\delta - \ln\theta$，那么 $L_2(R)$ 能够表示为我们所熟悉的 LINEX 损失函数：

$$L(\theta, \delta) = k[e^{\lambda(\delta-\theta)} - \lambda(\delta - \theta) - 1], \quad \lambda \neq 0, k > 0$$

相同的形式。此损失函数又称为广义熵（GE）损失函数[136]，在 $c = 1$ 时，此损失函数变成熵损失函数[137]。当 $c > 0$ 时，一个正的偏差引起的损失要高于一个负的偏差。

**引理 3.2** 设 $X_1, \cdots, X_n$ 为来自比例危险率模型（3.58）的一个简单随机样本，记 $X = (X_1, \cdots, X_n)$，$x = (x_1, \cdots, x_n)$，$T = -\sum_{i=1}^{n} \ln G(X_i)$，则：

（1）
$$T \sim \Gamma(n, \theta)$$

（2）假定参数 $\theta$ 具有 Quasi 无信息先验密度：

$$\pi(\theta) \propto \frac{1}{\theta^d}; \quad \theta > 0 \tag{3.65}$$

则

$$\theta \mid X \sim \Gamma(n - d + 1, T)$$

（3）参数 $\theta$ 的极大似然估计为：

$$\bar{\theta}_{\text{MLE}} = \frac{n}{T}$$

**证明** （1）设 $X_1, \cdots, X_n$ 为来自比例危险率模型（3.58）的一个简单随机样本，则对于比例危险率模型（3.58），基于 $n$ 个独立观察值 $x_1, x_2, \cdots, x_n$，得到参数 $\theta$ 的似然函数：

$$L(x; \theta) = \theta^n \prod_{i=1}^{n} g(x_i) G(x_i)^{\theta-1} = \theta^n e^{-(-\sum_{i=1}^{n} \ln G(x_i))\theta} \prod_{i=1}^{n} \frac{g(x_i)}{G(x_i)} \tag{3.66}$$

其中 $A < x_i < B, i = 1, 2, \cdots, n$。

由因子分解定理，我们知道统计量 $T = -\sum_{i=1}^{n} \ln G(X_i)$ 为参数 $\theta$ 的完全充分统计量。

令 $u(x) = -\ln G(x), t = -\sum\limits_{i=1}^{n} \ln G(x_i)$，则 $u(X)$ 的矩母函数 $\Phi(w)$ 为：

$$\Phi(w) = E(e^{wu(X)}) = \int_A^B e^{wu(x)}[\theta g(x) G(x)^{\theta-1}]\mathrm{d}x$$

$$= \int_0^{+\infty} e^{ws} \theta e^{-\theta s}\mathrm{d}s = \frac{\theta}{\theta - w}, \quad w < \theta, s = u(x)$$

于是 $u(X) \sim \Gamma(1, \theta)$，从而：

$$T = -\sum_{i=1}^{n} \ln G(X_i) = \sum_{i=1}^{n} u(X_i)$$

为具有伽玛分布 $\Gamma(n, \theta)$ 的随机变量，其概率密度函数为：

$$f_T(t) = \frac{t^{n-1}}{\Gamma(n)} \theta^n e^{-\theta t}, \quad 0 < t < +\infty \tag{3.67}$$

（2）设参数 $\theta$ 具有 Quasi 无信息先验密度（3.65），则样本 $X = (X_1, \cdots, X_n)$ 的联合概率密度函数为：

$$f(x) = \int_0^\infty L(x;\theta) \pi(\theta) \mathrm{d}\theta$$

$$= \int_0^\infty \theta^n e^{-t\theta} \prod_{i=1}^{n} \frac{g(x_i)}{G(x_i)} \cdot \frac{1}{\theta^\tau}\mathrm{d}\theta$$

$$= \frac{\Gamma(n-\tau+1)}{t^{n-\tau+1}} \prod_{i=1}^{n} \frac{g(x_i)}{G(x_i)}$$

给定 $X = (X_1, \cdots, X_n)$ 的样本观察值后，由 Bayes 定理知参数 $\theta$ 的后验概率密度函数为：

$$f(\theta \mid x) = \frac{L(x;\theta) \pi(\theta)}{\int_0^\infty L(x;\theta) \pi(\theta) \mathrm{d}\theta}$$

$$= \frac{L(x;\theta) \pi(\theta)}{f(x)}$$

$$= \frac{t^{n-d+1}}{\Gamma(n-d+1)} \theta^{n-d} e^{-t\theta} \tag{3.68}$$

于是

$$\theta \mid X \sim \Gamma(n-d+1, T)$$

（3）解式（3.66）的对数似然方程 $\frac{\partial \ln L}{\partial \theta} = 0$ 得到未知参数 $\theta$ 的极大似然估计：

$$\hat{\theta}_{\text{MLE}} = \frac{n}{T}$$

从而引理得证。

**引理 3.3** 设 $\delta$ 为参数 $\theta$ 在判别空间中的一个估计量，$\pi(\theta)$ 为 $\theta$ 的任一先验分布，则在 MLINEX 损失函数（3.62）下，参数 $\theta$ 的 Bayes 估计为：

$$\delta_{\text{MML}}(x) = \left[ E(\theta^{-c} \mid x) \right]^{-\frac{1}{c}} \tag{3.69}$$

并且解是唯一的，这里假定 $r(\delta) = E_{(\theta,\delta)}\left[ L_2(\theta,\delta) \right] < +\infty$。

**证明** 在 MLINEX 损失函数下，估计量 $\delta$ 对应的 Bayes 风险为：

$$r(\delta) = E_{\theta}\left[ E(L_2(\theta,\delta) \mid X) \right]$$

故欲使 $r(\delta)$ 达到最小，只需 $E(L_2(\theta,\delta) \mid X)$ 几乎处处达到最小。

由于

$$E(L_2(\theta,\delta) \mid X) = E\left\{ w\left[ \left( \frac{\delta}{\theta} \right)^c - c\ln\left( \frac{\delta}{\theta} \right) - 1 \right] \mid X \right\}$$

$$= wE\left[ \left( \frac{\delta}{\theta} \right)^c - c\ln\left( \frac{\delta}{\theta} \right) \mid X \right] - w$$

所以，只需 $g(\delta) = E\left[ \left( \frac{\delta}{\theta} \right)^c - c\ln\left( \frac{\delta}{\theta} \right) \mid X \right]$ 达到最小，即：

$$g(\delta) = \delta^c E(\theta^{-c} \mid X) - c\ln\delta + cE(\ln\theta \mid X)$$

达到最小。令 $g'(\delta) = 0$，有：

$$c\delta^{c-1} E(\theta^{-c} \mid X) - \frac{c}{\delta} = 0$$

解得

$$\delta_{\text{MML}}(x) = \left[ E(\theta^{-c} \mid x) \right]^{-\frac{1}{c}}$$

下证唯一性：

欲证唯一性，只要证 $r(\delta_{\mathrm{MML}}) < +\infty$ ，由题设 $r(\delta) < +\infty$ ，而 $r(\delta_{\mathrm{MML}}) < r(\delta)$ ，故 $r(\delta_{\mathrm{MML}}) < +\infty$ 。

综上，结论得证。

**定理 3.4**    对于比例危险率模型（3.58），若 $\theta$ 具有 Quasi 无信息先验密度（3.65），记 $T = -\sum_{i=1}^{n} \ln G(X_i)$ ，则：

（1）在加权平方误差损失函数（3.60）下，参数 $\theta$ 的 Bayes 估计为：

$$\hat{\delta}_{\mathrm{BS}} = \frac{n - d - 1}{T} \tag{3.70}$$

（2）在对数误差平方损失函数（3.62）下，参数 $\theta$ 的 Bayes 估计为：

$$\hat{\delta}_{\mathrm{BSL}} = \frac{\mathrm{e}^{\Psi(n-d+1)}}{T} \tag{3.71}$$

其中：

$$\Psi(n) = \frac{\mathrm{d}}{\mathrm{d}n} \ln\Gamma(n) = \int_0^{+\infty} \frac{\ln y \cdot y^{n-1} \mathrm{e}^{-y}}{\Gamma(n)} \mathrm{d}y \tag{3.72}$$

为 Digamma 函数。

（3）在 MLINEX 损失函数（3.64）下，参数 $\theta$ 的 Bayes 估计为

$$\hat{\delta}_{\mathrm{MML}} = \left[ \frac{\Gamma(n-d+1)}{\Gamma(n-d-c+1)} \right]^{\frac{1}{c}} \cdot \frac{1}{T} \tag{3.73}$$

**证明**    设参数 $\theta$ 具有 Quasi 无信息先验密度：$\pi(\theta) \propto \dfrac{1}{\theta^d}; \theta > 0$ 。由引理 3.2 的结论 $\theta \mid X \sim \Gamma(n-d+1, T)$ 知：

$$E(\theta^{-1} \mid X) = \frac{T}{n-d}$$

$$E(\theta^{-2} \mid X) = \frac{T^2}{(n-d)(n-d-1)}$$

于是在加权平方损失函数（3.62）下，参数 $\theta$ 的 Bayes 估计为：

$$\hat{\delta}_{\mathrm{BS}} = \frac{E(\theta^{-1} \mid X)}{E(\theta^{-2} \mid X)} = \frac{T/(n-d)}{T/(n-d)(n-d-1)} = \frac{n-d-1}{T}$$

由于：

$$E(\ln\theta \mid X)$$

$$= \frac{T^{n-d+1}}{\Gamma(n-d+1)}\int_0^\infty \ln\theta \cdot \theta^{(n-d+1)-1}\mathrm{e}^{-\theta T}\mathrm{d}\theta$$

$$= \frac{\mathrm{d}}{\mathrm{d}n}\ln\Gamma(n-d+1) - \ln T$$

$$= \Psi(n-d+1) - \ln T$$

故根据式（3.63），得在对数误差平方损失函数（3.62）下参数 $\theta$ 的 Bayes 估计为：

$$\hat{\delta}_{\mathrm{BSL}} = \exp\left[E(\ln\theta \mid X)\right] = \frac{\mathrm{e}^{\Psi(n-d+1)}}{T}$$

由于：

$$E(\theta^{-c} \mid X) = \int_0^\infty \theta^{-c}f(\theta \mid X)\mathrm{d}\theta$$

$$= \int_0^\infty \theta^{-c}\frac{T^{n-d+1}}{\Gamma(n-d+1)}\theta^{n-d}\mathrm{e}^{-t\theta}\mathrm{d}\theta$$

$$= \frac{T^{n-d+1}}{\Gamma(n-d+1)} \times \frac{\Gamma(n-d-c+1)}{T^{n-d-c+1}}$$

$$= \frac{\Gamma(n-d-c+1)}{\Gamma(n-d+1)}T^c$$

故由引理3.4有：

$$\hat{\delta}_{\mathrm{MML}} = \left[E(\theta^{-c} \mid X)\right]^{-\frac{1}{c}} = \left[\frac{\Gamma(n-d+1)}{\Gamma(n-d-c+1)}\right]^{\frac{1}{c}} \cdot \frac{1}{T}$$

**引理 3.4**（Lehmann 定理） 在给定的 Bayes 决策问题中，$D$ 为非随机化决策函数类，设 $\delta^* \in D$ 为 $\theta$ 的相应于先验分布 $\pi^*(\theta)$ 的 Bayes 估计，且其风险函数 $R(\delta^*,\theta)$ 为常数，则估计量 $\delta^*$ 为 $\theta$ 的 Minimax 估计。

**定理 3.5** 设 $X_1$，$X_2$，$\cdots$，$X_n$ 为来自比例危险率模型（3.58）的一个简单随机样本，则：

（1）$\hat{\delta}_{\mathrm{BS}} = \dfrac{n-d-1}{T}$ 为参数 $\theta$ 在加权平方误差损失函数（3.60）下的 Minimax 估计。

（2）$\hat{\delta}_{\mathrm{BSL}} = \dfrac{\mathrm{e}^{\Psi(n-d+1)}}{T}$ 为参数 $\theta$ 在对数误差平方损失函数（3.62）下的 Minimax 估计。

（3）$\hat{\delta}_{\mathrm{MML}} = \left[\dfrac{\Gamma(n-d+1)}{\Gamma(n-d-c+1)}\right]^{\frac{1}{c}} \cdot \dfrac{1}{T}$ 为在 MLINEX 损失函数（3.64）下的 Minimax 估计。

**证明**　由引理 3.4，只需要证明 $\theta$ 的 Bayes 估计 $\delta$ 的风险函数是常数就能根据 Lehmann 定理得到所需要的结论。受定理 3.4 的证明过程和结论的启发，我们这里设参数 $\theta$ 具有 Quasi 无信息先验分布：$\pi(\theta) \propto \dfrac{1}{\theta^d}; \theta > 0$。那么在给定样本观测值后，由引理 3.2 知参数 $\theta$ 的后验概率密度为：

$$f(\theta \mid x) = \frac{t^n}{\Gamma(n)} \theta^{n-1} \mathrm{e}^{-t\theta}$$

其中 $t = -\sum\limits_{i=1}^{n} \ln G(x_i)$。

（1）相应于加权平方误差损失函数（3.60），估计量 $\hat{\delta}_{\mathrm{BS}} = \dfrac{n-d-1}{T}$ 的风险函数为：

$$
\begin{aligned}
R_1(\theta) &= E\left[L_1\left(\theta, \frac{n-d-1}{T}\right)\right] \\
&= E\left\{\left[\frac{(n-d-1)/T - \theta}{\theta}\right]^2\right\} \\
&= \frac{1}{\theta^2}\left[(n-d-1)^2 E(T^{-2}) - 2\theta(n-d-1)E(T^{-1}) + \theta^2\right]
\end{aligned}
$$

根据式（3.70），即 $T \sim \Gamma(n, \theta)$，有如下结论成立：

$$E(T^{-1}) = \frac{\theta}{n-1}$$

$$E(T^{-2}) = \frac{\theta^2}{(n-1)(n-2)}$$

于是：

$$
\begin{aligned}
R_1(\theta) &= \frac{1}{\theta^2}\left[(n-d-1)^2 \frac{\theta^2}{(n-d)(n-2)} - 2\theta(n-d-1)\frac{\theta}{n-d} + \theta^2\right] \\
&= 1 - 2\frac{n-d-1}{n-d} + \frac{(n-d-1)^2}{(n-d)(n-2)}
\end{aligned}
$$

显然风险函数 $R_1(\theta)$ 为与 $\theta$ 无关的常数，从而由引理 3.4 知结论（1）得证。

（2）相应于对数误差平方损失函数（3.62），估计量 $\hat{\delta}_{BSL} = \dfrac{e^{\Psi(n-d+1)}}{T}$ 的风险函数为：

$$
\begin{aligned}
R_2(\theta) &= E(L_2(\theta,\hat{\delta}_{BSL})) \\
&= E((\ln\hat{\delta}_{BSL} - \ln\theta)^2) \\
&= E(\ln\hat{\delta}_{BSL})^2 - 2\ln\theta \cdot E(\ln\hat{\delta}_{BSL}) + (\ln\theta)^2
\end{aligned}
$$

由 $T \sim \Gamma(n,\theta)$ 得：

$$
E\left(\frac{1}{T}\right) = \frac{\theta}{n-1}
$$

$$
E\left(\frac{1}{T^2}\right) = \frac{\theta^2}{(n-1)(n-2)}
$$

$$
E(\ln T) = \Psi(n) - \ln\theta
$$

于是：

$$
\begin{aligned}
E(\ln\hat{\delta}_{BSL}) &= E[\Psi(n-d+1) - \ln T] \\
&= \Psi(n-d+1) - [\Psi(n) - \ln\theta] \\
&= \Psi(n-d+1) - \Psi(n) + \ln\theta \\
E(\ln\hat{\delta}_{BSL})^2 &= E[\Psi(n-d+1) - \ln T]^2 \\
&= \Psi^2(n-d+1) - 2\Psi(n-d+1)E(\ln T) + E[(\ln T)^2]
\end{aligned}
$$

且根据以下事实：

$$
\begin{aligned}
\Psi'(n) &= \int_0^\infty \frac{(\ln y)^2 y^{n-1} e^{-y}}{\Gamma(n)} dy - \int_0^\infty \frac{(\ln y)^2 y^{n-1} e^{-y}}{\Gamma(n)} \Psi(n) dy \\
&= E[(\ln Y)^2] - \Psi^2(n)
\end{aligned}
$$

其中 $Y \sim \Gamma(n,1)$，由伽玛分布的性质有：

$$
Y = T\theta \sim \Gamma(n,1)
$$

则有：

$$
\begin{aligned}
&\Psi^2(n) + \Psi'(n) \\
&= E[(\ln Y)^2] = E[(\ln T + \ln\theta)^2] \\
&= E[(\ln T)^2] + 2\ln\theta \cdot E(\ln T) + (\ln\theta)^2 \\
&= E[(\ln T)^2] + 2\ln\theta \cdot [\Psi(n) - \ln\theta] + (\ln\theta)^2
\end{aligned}
$$

从而有:

$$E[(\ln T)^2] = \Psi^2(n) + \Psi'(n) - 2\ln\theta \cdot \Psi(n) + (\ln\theta)^2$$

因而有:

$$\begin{aligned}
E(\ln\hat{\delta}_{\text{BSL}})^2 &= \Psi^2(n-d+1) - 2\Psi(n-d+1)E(\ln T) + E[(\ln T)^2] \\
&= \Psi^2(n-d+1) - 2\Psi(n-d+1)[\Psi(n) - \ln\theta] + \\
&\quad \Psi^2(n) + \Psi'(n) - 2\ln\theta \cdot \Psi(n) + (\ln\theta)^2
\end{aligned}$$

综上,有:

$$\begin{aligned}
R_2(\theta) &= E(\ln\hat{\delta}_{\text{BSL}})^2 - 2\ln\theta \cdot E\ln(\hat{\delta}_{\text{BSL}}) + (\ln\theta)^2 \\
&= \Psi^2(n-d+1) - 2\Psi(n-d+1)[\Psi(n) - \ln\theta] + \\
&\quad \Psi^2(n) + \Psi'(n) - 2\ln\theta \cdot \Psi(n) + (\ln\theta)^2 - \\
&\quad 2\ln\theta \cdot [\Psi(n-d+1) - \Psi(n) + \ln\theta] + (\ln\theta)^2 \\
&= \Psi^2(n-d+1) - 2\Psi(n)\Psi(n-d+1) + \Psi^2(n) + \Psi'(n)
\end{aligned}$$

显然风险函数 $R_2$ $(\theta)$ 也为与 $\theta$ 无关的常数,从而由引理 3.4 知结论 (2) 得证。

(3) 令 $K = \left[\dfrac{\Gamma(n-d+1)}{\Gamma(n-d-c+1)}\right]^{\frac{1}{c}}$,则相应在 MLINEX 损失函数 (3.64) 下,估计量 $\hat{\delta}_{\text{MML}} = \dfrac{K}{T}$ 的风险函数为:

$$\begin{aligned}
R_3(\theta) &= E[L_3(\theta, \hat{\delta}_{\text{MML}})] \\
&= wE\left[\left(\frac{\hat{\delta}_{\text{MML}}}{\theta}\right)^c - c\ln\frac{\hat{\delta}_{\text{MML}}}{\theta} - 1\right] \\
&= w\left\{\frac{1}{\theta^c}E[\hat{\delta}_{\text{MML}}^c] - cE[\ln\hat{\delta}_{\text{MML}}] + c\ln\theta - 1\right\}
\end{aligned}$$

由 $T \sim \Gamma(n,\theta)$ 得:

$$\begin{aligned}
E[T^{-c}] &= \int_0^\infty t^{-c} \cdot \frac{t^{n-1}}{\Gamma(n)}\theta^n \mathrm{e}^{-\theta t}\mathrm{d}t \\
&= \theta^n \frac{1}{\Gamma(n)} \cdot \frac{\Gamma(n-c)}{\theta^{n-c}} \\
&= \frac{\Gamma(n-c)}{\Gamma(n)}\theta^c
\end{aligned}$$

于是有：

$$E(\hat{\delta}_{\mathrm{MML}}^c) = E\left(\frac{K}{T}\right)^c = K^c E(T^{-c}) = K^c \frac{\Gamma(n-c)}{\Gamma(n)} \theta^c = \theta^c$$

$$E(\ln\hat{\delta}_{\mathrm{MML}}) = E\left(\ln\frac{K}{T}\right) = \ln K - E(\ln T)$$
$$= \ln K + \ln\theta - \Psi(n)$$

故有：

$$R_3(\theta) = E[L_3(\theta,\hat{\delta}_{\mathrm{MML}})] = w[\ln K^{-c} + c\Psi(n)]$$

为关于 $\theta$ 的常数，从而由引理 3.4 知结论（3）得证。

### 3.3.3 数值模拟比较

采用均方误差（MSEs）对上述三个 Bayes 估计及极大似然估计进行比较。一个参数 $\theta$ 的估计的均方误差定义为：

$$\mathrm{MSE}(\hat{\theta}) = E[(\theta - \hat{\theta})]^2 = \mathrm{Var}(\hat{\theta}) + [\mathrm{Bias}(\hat{\theta})]^2$$

我们以 Pareto 分布 $F(x) = 1 - [G(x)]^\theta = 1 - x^{-\theta}$ 为例，通过 Monte-Carlo 模拟，分别在不同的样本容量下，计算这四种估计的值及相应的均方误差。

由表 3.6 和表 3.7 可以看出，在样本容量 $n < 25$ 时，对数误差平方损失函数和 MLINEX 损失函数下的 Minimax 估计的均方误差都比极大似然估计的要小；在 $n$ 较大（$n > 25$）时，经过多次模拟试验，上述四种估计的均方误差近似相等。

表 3.6　不同估计的估计值和均方误差值（$\theta = 1$，$d = -1$）

| 样本容量 | $\theta_{\mathrm{MLE}}$ | $\hat{\delta}_{\mathrm{BS}}$ | $\hat{\delta}_{\mathrm{BSL}}$ | $\hat{\delta}_{\mathrm{MML}}$ | | |
|---|---|---|---|---|---|---|
| | | | | $(c = -1)$ | $(c = 1)$ | $(c = 2)$ |
| 10 | 1.0120<br>(0.5833) | 1.0106<br>(0.5733) | 0.9216<br>(0.4398) | 0.8091<br>(0.3333) | 0.8095<br>(0.3343) | 0.8095<br>(0.3335) |
| 20 | 1.0222<br>(0.1667) | 1.0232<br>(0.1567) | 0.9715<br>(0.1425) | 0.9202<br>(0.1250) | 0.9200<br>(0.1252) | 0.9200<br>(0.1251) |
| 30 | 1.0045<br>(0.0934) | 1.0048<br>(0.0933) | 0.9712<br>(0.0838) | 0.9375<br>(0.0769) | 0.9375<br>(0.0771) | 0.9375<br>(0.0741) |

续表 3.6

| 样本容量 | $\theta_{\text{MLE}}$ | $\hat{\delta}_{\text{BS}}$ | $\hat{\delta}_{\text{BSL}}$ | $\hat{\delta}_{\text{MML}}$ | | |
|---|---|---|---|---|---|---|
| | | | | $(c=-1)$ | $(c=1)$ | $(c=2)$ |
| 50 | 1.0345<br>(0.0643) | 1.0345<br>(0.0642) | 1.0088<br>(0.0592) | 0.9826<br>(0.0556) | 0.9829<br>(0.0566) | 0.9828<br>(0.0557) |
| 75 | 1.0782<br>(0.0489) | 1.0782<br>(0.0479) | 1.0567<br>(0.0458) | 1.0352<br>(0.0435) | 1.0353<br>(0.0445) | 1.0350<br>(0.0435) |
| 100 | 1.1310<br>(0.0394) | 1.1310<br>(0.0394) | 1.1122<br>(0.0373) | 1.0933<br>(0.0357) | 1.0953<br>(0.0358) | 1.0933<br>(0.0367) |

表 3.7　不同估计的估计值和均方误差值（$\theta=1$，$d=1$）

| 样本容量 | $\theta_{\text{MLE}}$ | $\hat{\delta}_{\text{BS}}$ | $\hat{\delta}_{\text{BSL}}$ | $\hat{\delta}_{\text{MML}}$ | | |
|---|---|---|---|---|---|---|
| | | | | $(c=-1)$ | $(c=1)$ | $(c=2)$ |
| 10 | 1.0120<br>(0.5833) | 1.0121<br>(0.5832) | 0.9216<br>(0.4398) | 0.8093<br>(0.3333) | 0.8089<br>(0.3333) | 0.8195<br>(0.3333) |
| 20 | 1.0222<br>(0.1667) | 1.0219<br>(0.1662) | 0.9715<br>(0.1425) | 0.9210<br>(0.1252) | 0.9209<br>(0.1248) | 0.9207<br>(0.1256) |
| 30 | 1.0045<br>(0.0934) | 1.0038<br>(0.0931) | 0.9712<br>(0.0838) | 0.9376<br>(0.0767) | 0.9378<br>(0.0769) | 0.9379<br>(0.0766) |
| 50 | 1.0345<br>(0.0643) | 1.0340<br>(0.0641) | 1.0088<br>(0.0592) | 0.9827<br>(0.0556) | 0.9827<br>(0.0558) | 0.9829<br>(0.0557) |
| 75 | 1.0782<br>(0.0489) | 1.0791<br>(0.0451) | 1.0567<br>(0.0458) | 1.0351<br>(0.0435) | 1.0352<br>(0.0437) | 1.0356<br>(0.0436) |
| 100 | 1.1310<br>(0.0394) | 1.1314<br>(0.0390) | 1.1122<br>(0.0373) | 1.0929<br>(0.0358) | 1.0933<br>(0.0362) | 1.0933<br>(0.0359) |

## 3.4　复合 LINEX 对称损失函数下 Laplace 分布参数的 Bayes 估计

### 3.4.1　Laplace 分布模型简介

　　Laplace 分布是一类常用的寿命分布，由于其分布具有尖峰和厚尾性，对金融数据的刻画比正态分布更理想，因而其在金融领域得到了较多的研究和应用，参考文献［139，140］。近年来该分布也被应用到图像分析、机械工程等领域[141,142]。

Laplace 分布的概率密度函数为：

$$f(x \mid \mu,\theta) = \frac{1}{2\theta}\exp\left( -\frac{|x - \mu|}{\theta} \right), \quad -\infty < x < \infty \tag{3.74}$$

式中，$\mu \in (-\infty, +\infty)$ 为位置参数；$\theta > 0$ 为尺度参数。

作为一类重要的统计分布，关于 Laplace 分布参数的统计推断研究也得到了国内外学者的关注和研究。文献［143］在共轭先验分布下，研究了 Laplace 分布参数估计的损失和风险函数的 Bayes 估计问题；文献［144］讨论了测量误差为 Laplace 分布的非线性模型参数的统计推断问题；文献［145］研究了 Laplace 分布尺度参数的最短区间估计问题；文献［146］基于对数误差平方损失函数讨论了 Laplace 尺度参数的极小极大估计问题；文献［147］基于次序统计量样本研究了 Laplace 分布精确预测区间问题。

复合 LINEX 对称损失函数是基于 LINEX 损失函数由文献［148］提出的一类新的损失函数。文献［148］指出了该损失函数的一些优良特性并在该损失函数下研究了正态分布参数和指数分布参数的 Bayes 估计问题。近几年，文献[149~151]分别在复合 LINEX 对称损失函数下研究了泊松分布、Pareto 分布和 Burr Ⅻ 分布参数的 Bayes 估计问题。受文献［148］的启发，本节拟提出一类新的复合 LINEX 对称损失函数，并在该损失函数下研究参数的先验分布为无信息 Quasi 先验分布时 Laplace 分布尺度参数的 Bayes 估计问题，并进一步地研究估计的可容许性。

### 3.4.2  一类新的复合 LINEX 损失函数

本节在 LINEX 损失函数基础上提出一种新的对称损失函数，称为复合 LINEX 对称损失函数，定义如下：

$$L(\Delta) = L_c(\Delta) + L_{-c}(\Delta) = e^{c\Delta} + e^{-c\Delta} - 2, \quad c > 0 \tag{3.75}$$

式中，$\Delta = \frac{\delta - \theta}{\theta}$，$c$ 为尺度参数。图 3.14 给出了损失函数 $L(\Delta)$ 在 $c = 1$ 时的函数图像。

从损失函数（3.75）的数学表达式和图 3.14 可以看出，新提出的损失函数为对称损失函数，并且这里是采用的 $\Delta = \frac{\delta - \theta}{\theta} = \frac{\delta}{\theta} - 1$，当估计 $\delta$ 与 $\theta$ 的真实值相差不大时，它们的比值应该接近 1，这样新的损失函数在此范围内将是一个有界

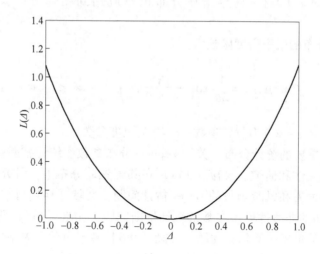

图 3.14　$L(\Delta)$ 的函数图像（$c = 1$）

损失函数。这一点比用 $\Delta = \delta - \theta$ 构造的损失函数的稳健性好。

　　**引理 3.5**　设 $\delta$ 为参数 $\theta$ 的判别空间中的一个估计，$\pi(\theta)$ 为 $\theta$ 的任意的先验分布，则在复合 LINEX 对称损失函数（3.78）下，参数 $\theta$ 的 Bayes 估计 $\hat{\delta}_B$ 为方程（3.76）的解：

$$\mathrm{e}^{-c}E\left(\frac{1}{\theta}\mathrm{e}^{c/\delta} \mid X\right) = \mathrm{e}^{c}E\left(\frac{1}{\theta}\mathrm{e}^{-c/\delta} \mid X\right) \tag{3.76}$$

并且解是唯一的，这里假定 Bayes 风险 $r(\delta) < +\infty$。

　　**证明**　在损失函数（3.75）下，估计 $\delta$ 的 Bayes 风险为：

$$r(\delta) = E_\theta[E(L(\theta,\delta) \mid X)]$$

要使 $r(\delta)$ 达到最小，只需 $E(L(\theta,\delta) \mid X)$ 几乎处处达到最小。

　　由于：

$$E(L(\theta,\delta) \mid X) = E\left[\mathrm{e}^{c\left(\frac{\delta}{\theta}-1\right)} + \mathrm{e}^{-c\left(\frac{\delta}{\theta}-1\right)} - 2 \mid X\right]$$

$$= E\left[\mathrm{e}^{c\left(\frac{\delta}{\theta}-1\right)} + \mathrm{e}^{-c\left(\frac{\delta}{\theta}-1\right)} - 2 \mid X\right]$$

$$= \mathrm{e}^{-c}E\left[\exp\left(\frac{c\delta}{\theta} \mid X\right)\right] + \mathrm{e}^{c}E\left[\exp\left(\frac{-c\delta}{\theta} \mid X\right)\right] - 2$$

所以，只需上式右端达到最小，即：

$$f(\delta) = \mathrm{e}^{-c}E\left[\exp\left(\frac{c\delta}{\theta}\mid X\right)\right] + \mathrm{e}^{c}E\left[\exp\left(\frac{-c\delta}{\theta}\mid X\right)\right] - 2$$

达到最小，又易知 $f''(\delta) > 0$，则 $\theta$ 的 Bayes 估计 $\hat{\delta}_{B}$ 满足：

$$f'(\delta) = 0$$

即满足式（3.76）。

下面证唯一性：欲证唯一性，只要证 $r(\hat{\delta}_{B}) < +\infty$。由题设 $r(\delta) < +\infty$，而 $r(\hat{\delta}_{B}) < r(\delta)$，故 $r(\hat{\delta}_{B}) < +\infty$。

### 3.4.3 Laplace 分布参数的 Bayes 估计

在本节接下来的讨论中，设 $X_1$，$X_2$，$\cdots$，$X_n$ 是来自总体服从 Laplace 分布（3.80），其中位置参数 $\mu$ 已知的容量为 $n$ 的一个简单随机样本。记 $x = (x_1, x_2, \cdots, x_n)$ 为 $X = (X_1, X_2, \cdots, X_n)$ 的样本观察值，$t = \sum_{i=1}^{n} |x_i - \mu|$ 为统计量 $T = \sum_{i=1}^{n} |X_i - \mu|$ 的样本观测值。

给定样本观测值 $x = (x_1, x_2, \cdots, x_n)$ 后，参数 $\theta$ 的似然函数为：

$$l(x;\theta) = \prod_{i=1}^{n} f(x \mid \mu, \theta) = \prod_{i=1}^{n} \frac{1}{2\theta}\exp\left(-\frac{|x_i - \mu|}{\theta}\right) \propto \theta^{-n}\mathrm{e}^{-\frac{t}{\theta}} \quad (3.77)$$

通过求解对数似然方程得到参数 $\theta$ 的最大似然估计为：

$$\hat{\delta}_{\mathrm{MLE}} = \frac{T}{n}$$

令 $T = \sum_{i=1}^{n} |X_i - \mu|$，则由文献［146］知，$T$ 服从参数为 $n$ 和 $\theta^{-1}$ 伽玛分布 $\Gamma(n, \theta^{-1})$，于是有：

$$E\frac{1}{T} = \frac{\theta}{n-1}$$

**定理 3.6** 设 $X_1$，$X_2$，$\cdots$，$X_n$ 为来自 Laplace 分布（3.80）的容量为 $n$ 的简单随机样本，$x = (x_1, x_2, \cdots, x_n)$ 为 $X = (X_1, X_2, \cdots, X_n)$ 的样本观测值，$t = \sum_{i=1}^{n} |x_i - \mu|$ 为统计量 $T = \sum_{i=1}^{n} |X_i - \mu|$ 的样本观测值，并设参数 $\theta$ 的先验分布为 Quasi 先

验分布 (3.69)，则在复合 LINEX 对称损失函数下，参数 $\theta$ 的 Bayes 估计为：

$$\hat{\theta}_B = \frac{2}{c}\left\{\frac{1}{1 + \exp[-2c/(n+d)]} - \frac{1}{2}\right\} \cdot T \tag{3.78}$$

**证明**　由式 (3.69)、式 (3.83) 及 Bayes 定理，参数 $\theta$ 的后验概率密度函数为：

$$h(\theta \mid x) \propto l(x;\theta) \cdot \pi(\theta) \propto \theta^{-n} e^{-t/\theta} \cdot \theta^{-d} \propto \theta^{-(n+d)} e^{-t/\theta}$$

从而 $\theta$ 的后验分布为倒伽玛分布 $I\Gamma(n+d-1,s)$，相应的概率密度函数为：

$$h(\theta \mid x) = \frac{t^{n+d-1}}{\Gamma(n+d-1)}\theta^{-(n+d)} e^{-\frac{t}{\theta}} \tag{3.79}$$

则

$$E\left[\frac{1}{\theta}\exp\left(\frac{c\delta_B}{\theta}\right) \mid X\right]$$

$$= \int_0^\infty \frac{1}{\theta}\exp\left(\frac{c\delta_B}{\theta}\right)\frac{T^{n+d-1}}{\Gamma(n+d-1)}\theta^{-(n+d)} e^{-\frac{T}{\theta}}d\theta$$

$$= \frac{(n+d-1)T^{n+d-1}}{(T-c\delta_B)^{n+d}}$$

和

$$E\left[\frac{1}{\theta}\exp\left(\frac{-c\delta_B}{\theta}\right) \mid X\right]$$

$$= \int_0^\infty \frac{1}{\theta}\exp\left(\frac{-c\delta_B}{\theta}\right)\frac{T^{n+d-1}}{\Gamma(n+d-1)}\theta^{-(n+d)} e^{-\frac{T}{\theta}}d\theta$$

$$= \frac{(n+d-1)T^{n+d-1}}{(T+c\delta_B)^{n+d}}$$

将它们代入式 (3.76) 解得参数 $\theta$ 的 Bayes 估计为：

$$\hat{\theta}_B = \frac{2}{c}\left\{\frac{1}{1 + \exp[-2c/(n+d)]} - \frac{1}{2}\right\} \cdot T$$

### 3.4.4　数值模拟例子和结论

利用 Monte Carlo 模拟生成容量分别为 $n = 10, 20, 30, 50, 75, 100$ 的来自 Laplace

分布，其中 $\mu = 1$，$\theta = 1.0$ 的简单随机样本，重复试验 $N = 2000$ 次，将估计值的平均值 $\hat{\theta} = \dfrac{1}{N}\sum\limits_{i=1}^{N}\hat{\theta}_i$ 作为参数 $\theta$ 的估计值,利用估计的均方误差 $ER(\hat{\theta}) = \dfrac{1}{N}\sum\limits_{i=1}^{N}(\hat{\theta}_i - \theta)^2$ 作为度量估计优良性的标准,其中 $\hat{\theta}_i$ 为第 $i$ 次试验的参数 $\theta$ 的估计值。参数 $\theta$ 的最大似然估计和 Bayes 估计的估计值和均方误差见表 3.8 和表 3.9，其中括号内为均方误差。

表 3.8　不同样本容量下的估计值和均方误差（$d = 0$）

| $n$ | 10 | 20 | 30 | 50 | 75 | 100 | 150 |
|---|---|---|---|---|---|---|---|
| $\delta_{ML}$ | 0.9978 (0.0974) | 0.9974 (0.0492) | 0.9996 (0.0322) | 1.0010 (0.0201) | 1.0026 (0.0131) | 0.9981 (0.0098) | 0.9990 (0.0067) |
| $\delta_B$ ($c = 0.5$) | 0.9969 (0.0973) | 0.9972 (0.0492) | 0.9995 (0.0322) | 1.0010 (0.0201) | 1.0026 (0.0131) | 0.9980 (0.0098) | 0.9990 (0.0067) |
| $\delta_B$ ($c = 1.0$) | 0.9945 (0.0968) | 0.9966 (0.0491) | 0.9993 (0.0322) | 1.0009 (0.0201) | 1.0025 (0.0131) | 0.9980 (0.0098) | 0.9990 (0.0067) |
| $\delta_B$ ($c = 1.5$) | 0.9904 (0.0961) | 0.9956 (0.0490) | 0.9988 (0.0321) | 1.0007 (0.0201) | 1.0025 (0.0131) | 0.9980 (0.0098) | 0.9990 (0.0067) |

表 3.9　不同样本容量下的估计值及均方误差（$d = 1$）

| $n$ | 10 | 20 | 30 | 50 | 75 | 100 | 150 |
|---|---|---|---|---|---|---|---|
| $\delta_{ML}$ | 1.0029 (0.0997) | 0.9975 (0.0492) | 0.9999 (0.0326) | 0.9973 (0.0198) | 0.9986 (0.0128) | 1.0010 (0.0102) | 0.9997 (0.0066) |
| $\delta_B$ ($c = 0.5$) | 0.9111 (0.0902) | 0.9498 (0.0471) | 0.9676 (0.0316) | 0.9777 (0.0196) | 0.9855 (0.0127) | 0.9910 (0.0101) | 0.9931 (0.0065) |
| $\delta_B$ ($c = 1.0$) | 0.9092 (0.0902) | 0.9493 (0.0471) | 0.9673 (0.0316) | 0.9776 (0.0196) | 0.9854 (0.0127) | 0.9910 (0.0101) | 0.9931 (0.0065) |
| $\delta_B$ ($c = 1.5$) | 0.9061 (0.0902) | 0.9484 (0.0471) | 0.9669 (0.0316) | 0.9774 (0.0196) | 0.9853 (0.0127) | 0.9910 (0.0101) | 0.9931 (0.0065) |

　　由表 3.8 和表 3.9 可以看出，复合 LINEX 对称损失函数下的 Bayes 估计受到形状参数 $c$ 的影响，当 $n$ 较小时，参数 $c$ 对估计的结果影响较大，但是随着样本容量 $n$ 的增大，估计的均方误差减小，参数 $c$ 对估计的结果影响也渐渐可以忽

略，估计值也越来越接近参数 $\theta$ 的真实值。同时，对比表 3.8 和表 3.9，我们发现当样本容量 $n$ 较大时，先验超参数 $d$ 的变化对估计结果的影响较小。

由于损失函数在 Bayes 统计推断中发挥着重要的作用，构建新的对称损失函数对于丰富和发展 Bayes 统计推断理论起着重要的作用，为此本节基于 LINEX 损失函数，提出了一类新的复合 LINEX 对称损失函数。本节在该损失函数导出了参数的 Bayes 估计，并进一步研究了 Laplace 分布尺度参数的 Bayes 估计问题。在参数的先验分布为无信息 Quasi 先验分布下导出了参数的 Bayes 估计，同时探讨了估计的可容许性，并最终通过 Monte Carlo 统计模拟考察估计的性质。

## 3.5　逆 Rayleigh 分布参数的经验 Bayes 统计推断研究

经验 Bayes 统计推断理论吸收了传统 Bayes 统计推断理论的优点：不孤立地利用当前的样本数据进行统计推断[152]。经验 Bayes 统计还尽量避开或少用先验分布的假设，而是尽可能多地利用当前的样本数据和历史数据进行统计推断[153]。经验 Bayes 统计已经被应用到诸如经济预测、军事、机械可靠性以及医学研究等各个领域[154~160]。利用经验 Bayes 方法进行模型参数的估计和检验问题是近年来研究的热点。张倩和韦来生[161]在加权线性损失函数下研究了一类刻度指数分步族参数的经验 Bayes 双边检验问题，首先利用核密度估计构造了经验 Bayes 检验函数，然后在适当的假定下证明该检验函数的渐近最优性。龙兵和周良泽[162]基于定数截尾样本考察了冷储备串联系统的可靠性指标的 Bayes 估计问题，给出了部件平均寿命、系统的可靠度等可靠性指标的 Bayes 点估计和 Bayes 区间估计。胡俊梅等[163]在 LINEX 损失函数下研究了 Rayleigh 分布环境因子经验 Bayes 估计问题，并通过 Monte Carlo 模拟将得到的经验 Bayes 估计和极大似然估计进行比较，发现其优于极大似然估计。黄金超和凌能祥[164]基于一类平方误差损失研究 Cox 模型参数的经验 Bayes 双侧检验问题，通过用递归核函数估计概率密度函数从而构造参数的经验 Bayes 检验函数，并在适当的假定下证明了检验函数的渐近最优性。章溢等[165]构建了方差相关保费理论的 Bayes 模型，得到了信度的 Bayes 估计和经验 Bayes 估计并证明了经验 Bayes 估计的渐近最优性。对于更多经验 Bayes 统计推断研究可参考文献 [166~171]。

近年来，一类寿命分布——逆 Rayleigh 分布受到了很多学者的关注和研究并在寿命试验和可靠性研究中有很多应用。Voda[172]指出很多类型的实验元件的寿命服从逆 Rayleigh 分布，并讨论了参数的极大似然估计、区间估计和假设检验问题。Mukherjee 和 Maiti[173]考察了逆 Rayleigh 分布参数的分位数的估计问题。Abdel-Monem[174]研究了逆 Rayleigh 分布参数的估计和样本预测问题。Dey[175]讨论了逆 Rayleigh 分布的 Bayes 推断和预测问题，基于共轭先验分布和平方误差损失函数，得到了逆 Rayleigh 分布参数的 Bayes 估计，并在此基础上，推导了参数的最大后验概率密度（HPD）并给出了参数的等尾置信区间，并考虑了基于观测样本的 Bayes 预测，并给出了等尾预测区间。Soliman 等[176]在平方误差损失函数下，基于记录值样本研究了逆 Rayleigh 分布参数的 Bayes 估计和样本预测问题。

设随机变量 $X$ 为服从参数为 $\theta$ 的逆 Rayleigh 分布，其概率密度函数为：

$$f(x \mid \theta) = \frac{2\theta}{x^3}\exp\left(-\frac{\theta}{x^2}\right), \quad x > 0 \tag{3.80}$$

式中，$\theta > 0$ 为未知形状参数；$\Theta = \left\{\theta > 0 \mid \int_{\Omega} f(x \mid \theta)\mathrm{d}x = 1\right\}$ 为参数空间；$\Omega = \{x \mid x > 0\}$ 为样本空间。

本节在加权线性损失函数下，讨论了逆 Rayleigh 分布参数 $\theta$ 的经验 Bayes 单侧检验问题：$H_0 : \theta \leq \theta_0 \leftrightarrow H_1 : \theta > \theta_0$，利用概率密度函数的核估计和经验分布函数构造了参数的经验 Bayes 单侧检验函数，并获得了它的渐近最优性，在适当的条件下证明了所提出的经验 Bayes 检验函数的收敛速度可任意接近 $O(n^{-1/2})$。

### 3.5.1 逆 Rayleigh 分布参数的 Bayes 检验函数

下面在加权线性损失函数下讨论逆 Rayleigh 分布参数的经验 Bayes 检验问题。

本节讨论下列的单侧检验问题：

$$H_0 : \theta \leq \theta_0 \leftrightarrow H_1 : \theta > \theta_0$$

式中，$\theta_0$ 为给定的常数。

对上述假设检验问题，本节采用如下加权线性损失函数：

$$L_0(\theta, d_0) = \frac{\theta - \theta_0}{\theta}I \quad (\theta > \theta_0)$$

$$L_1(\theta, d_1) = \frac{\theta_0 - \theta}{\theta}I \quad (\theta \leq \theta_0)$$

这里 $d = \{d_0, d_1\}$ 是行动空间，$d_0$ 表示接受 $H_0$，$d_1$ 表示拒绝 $H_0$。本节采用上述的"加权"线性损失函数好处是它具有不变性，并使 Bayes 表达式更加简洁，EB 检验函数易于构造。

假设参数 $\theta$ 的先验分布为 $G(\theta)$，$G(\theta)$ 未知，设随机化判决函数为：

$$\delta(x) = P(\text{接受} H_0 \mid X = x)$$

则判决函数 $\delta(x)$ 的风险函数：

$$
\begin{aligned}
R(\delta(x),G(\theta)) &= \iint_{\Theta\Omega}[L_0(\theta,d_0)f(x\mid\theta)\delta(x) + \\
&\quad L_1(\theta,d_1)f(x\mid\theta)(1-\delta(x))]\mathrm{d}x\mathrm{d}G(\theta) \\
&= \int_{\Omega}\beta(x)\delta(x)\mathrm{d}x + C_G
\end{aligned}
\tag{3.81}
$$

此处：

$$
C_G = \int_{\Theta}L_1(\theta,d_1)\mathrm{d}G(\theta)
$$

$$
\beta(x) = \int_{\Theta}\frac{\theta-\theta_0}{\theta}f(x\mid\theta)\mathrm{d}G(\theta)
$$

令随机变量 $X$ 的边缘分布为：

$$
f_G(x) = \int_{\Theta}f(x\mid\theta)\mathrm{d}G(\theta)
\tag{3.82}
$$

令：

$$
P_G(x) = \int_{\Theta}\mathrm{e}^{-\frac{\theta}{x^2}}\mathrm{d}G(\theta)
\tag{3.83}
$$

则：

$$
\begin{aligned}
\beta(x) &= \int_{\Theta}f(x\mid\theta)\mathrm{d}G(\theta) - \theta_0\int_{\Theta}\frac{1}{\theta}f(x\mid\theta)\mathrm{d}G(\theta) \\
&= f_G(x) - \theta_0\int_{\Theta}\frac{1}{\theta}f(x\mid\theta)\mathrm{d}G(\theta)
\end{aligned}
$$

经过简单运算，有：

$$
\beta(x) = f_G(x) - 2x^{-3}\theta_0 P_G(x)
\tag{3.84}
$$

由式（3.87）可知 Bayes 检验函数为：

$$
\delta_G(x) = \begin{cases}1, & \beta(x)\leqslant 0 \\ 0, & \beta(x)>0\end{cases}
\tag{3.85}
$$

于是其 Bayes 风险为：

$$R_G = \inf_{\delta} R(\delta(x), G(\theta)) = \int_{\Omega} \beta(x)\delta_G(x)\mathrm{d}x + C_G \tag{3.86}$$

注意到如下事实：

若参数 $\theta$ 的先验分布 $G(\theta)$ 是已知的，并且 $\delta(x)$ 等于 $\delta_G(x)$，则 Bayes 风险 $R_G$ 是可以精确计算出来的。但不幸的是，在实际中，$G(\theta)$ 往往是未知的，这导致 $\delta_G(x)$ 也是未知的。因而前面得到的 Bayes 检验函数 $\delta_G(x)$ 并没有实用价值，于是需要引入经验 Bayes 方法，这就需要构造其风险函数可任意接近 $R_G$ 的经验 Bayes 判决函数。

### 3.5.2 参数的经验 Bayes 检验函数的构造

本节在下列前提下构造参数的经验 Bayes 检验函数：

设 $X_1, X_2, \cdots, X_n, X_{n+1}$ 为独立同分布（i. i. d）的随机变量序列，它们有共同的边缘概率密度函数 $f_G(x)$。记 $X_1, X_2, \cdots, X_n$ 为历史样本，$X_{n+1}$ 为当前样本。在接下来的讨论中，作如下假定：

（A1）$f_G(x) \in C_{s,\alpha}$，$x \in R$，其中 $C_{s,\alpha}$ 表示 $R$ 中的一族概率密度函数，其 $s$ 阶导数存在、连续且绝对值不超过 $\alpha$，$s \geqslant 2$ 为正整数。

（A2）令 $s \geqslant 2$ 为任意确定的自然数，$K_r(x)$（$r = 0, 1, \cdots, s-1$）是 Borel 可测的有界函数，在区间（0, 1）之外为零，且满足下列条件：

$$\frac{1}{t!}\int_0^1 y^t K_r(y)\mathrm{d}y = \begin{cases} 1, & t = r \\ 0, & t \neq r, t = 0,1,2,\cdots,s-1 \end{cases}$$

构造 $f_G(x)$ 的核密度估计：

$$f_n(x) = \frac{1}{nb_n}\sum_{j=1}^{\infty} K_r\left(\frac{x - X_j}{b_n}\right) \tag{3.87}$$

其中 $\{b_n\}$ 为正数序列，且 $\lim_{n \to \infty} b_n = 0$。

易证：

$$E[I(X_i < x)] = \int_{-\infty}^{x}\left[\int_{\Theta}\frac{2\theta}{x^3}\mathrm{e}^{-\frac{\theta}{x^2}}\mathrm{d}G(\theta)\right]\mathrm{d}x$$

$$= \int_{\Theta}\left[\mathrm{e}^{-\frac{\theta}{x^2}}\right]_{-\infty}^{x}\mathrm{d}G(\theta)$$

$$= P_G(x)$$

因此可以定义 $P_G(x)$ 的无偏估计量为:

$$P_n(x) = \frac{1}{n}\sum_{i=1}^{n} I(X_i < x) \tag{3.88}$$

则 $\beta(x)$ 的估计量为:

$$\beta_n(x) = f_n(x) - 2x^{-3}\theta_0 P_n(x) \tag{3.89}$$

于是经验 Bayes 检验函数可定义为:

$$\delta_n(x) = \begin{cases} 1, & \beta_n(x) \leqslant 0 \\ 0, & \beta_n(x) > 0 \end{cases} \tag{3.90}$$

**定义 3.2**  设 $E_n$ 表示对随机变量 $X_1$, $X_2$, $\cdots$, $X_n$ 的联合分布求均值,则 $\delta_n(x)$ 的全面风险定义为:

$$R(\delta_n(x), G(\theta)) = \int_{\Omega} \beta(x) E_n[\delta_n(x)] dx + C_G \tag{3.91}$$

若 $\lim\limits_{n\to\infty} R(\delta_n(x), G(\theta)) = R_G$,则称 $\{\delta_n(x)\}$ 为渐近最优的经验 Bayes 检验函数;若 $R(\delta_n(x), G(\theta)) - R_G = O(n^{-q})$, $q > 0$,则称检验函数 $\{\delta_n(x)\}$ 的收敛速度为 $O(n^{-q})$。

由定义可见,经验 Bayes 检验函数的优良性取决于其风险逼近 Bayes 风险的程度。

以下讨论中令 $c$, $c_1$, $c_2$, $\cdots$ 表示不同的常数,即使在同一表达式中它们也可取不同的值。

**引理 3.6**  令 $R_G$ 和 $R(\delta_n(x), G(\theta))$ 分别由式(3.93)和式(3.98)定义,则:

$$0 \leqslant R(\delta_n(x), G(\theta)) - R_G \leqslant \int_{\Omega} |\beta(x)| P(|\beta_n(x) - \beta(x)| \geqslant |\beta(x)|) dx$$

**引理 3.7**  设 $f_n(x)$ 由式(3.87)定义,其中 $X_1$, $X_2$, $\cdots$ 为独立同分布的随机样本序列,在条件(A1)和(A2)均成立时,对 $\forall x \in \Omega$,有以下结论:

(1)若 $f_G(x)$ 关于 $x$ 连续,则当 $\lim\limits_{n\to\infty} b_n = 0$,且 $\lim\limits_{n\to\infty} nb_n = \infty$ 时有:

$$\lim_{n\to\infty} E_n |f_n(x) - f_G(x)|^2 = 0$$

（2）若 $f_G(x) \in C_{s,\alpha}$，当取 $b_n = n^{-\frac{1}{1+2s}}$时，对于 $0 < \lambda \leqslant 1$ 有：

$$E_n |f_n(x) - f_G(x)|^{2\lambda} \leqslant c \cdot n^{-\frac{\lambda s}{1+2s}}$$

**引理 3.8** 设 $P_G(x)$ 和 $P_n(x)$ 分别由式（3.83）和式（3.88）给出，其中 $X_1, X_2, \cdots$ 为独立同分布的随机样本序列，对于 $0 < \lambda \leqslant 1$，有：

$$E_n |P_n(x) - P_G(x)|^{2\lambda} \leqslant n^{-\lambda}$$

**证明** 由式（3.88）知：

$$E_n [P_n(x) - P_G(x)]^2 = \mathrm{Var}(P_n(x))$$

其中：

$$
\begin{aligned}
\mathrm{Var}(P_n(x)) &= E\left\{\frac{1}{n}\sum_{i=1}^{n}\left[I(X_i < x) - P_G(x)\right]\right\}^2 \\
&= \frac{1}{n^2}\sum_{i=1}^{n}\mathrm{Var}(I(X_i < x)) = \frac{1}{n}\mathrm{Var}(I(X_i < x)) \\
&\leqslant \frac{1}{n}E[I(X < x_1)]^2 \leqslant \frac{1}{n}
\end{aligned}
$$

于是：

$$E_n [P_n(x) - P_G(x)]^2 \leqslant \frac{1}{n}$$

从而有 $0 < \lambda \leqslant 1$，有：

$$E_n |P_n(x) - P_G(x)|^{2\lambda} \leqslant \{E_n[P_n(x) - P_G(x)]^2\}^{\lambda} \leqslant n^{-\lambda}$$

### 3.5.3 经验 Bayes 检验函数的渐近最优性及其收敛速度

**定理 3.7** 设 $\delta_n(x)$ 由式（3.90）定义，其中 $X_1, X_2, \cdots$ 为独立同服从逆 Rayleigh 分布（3.85）的随机样本序列，在条件（A1）和（A2）成立时，又若：

（1）$\{b_n\}$ 为正数序列，且 $\lim\limits_{n\to\infty} b_n = 0, \lim\limits_{n\to\infty} nb_n = \infty$；

（2）$\int_{\Theta} \frac{1}{\theta} \mathrm{d}G(\theta) < \infty$；

（3）$f_G(x)$ 为 $x$ 的连续函数，

则：

$$\lim_{n\to\infty} R(\delta_n(x), G(\theta)) = R_G$$

**证明**  记：

$$Q_n(x) = |\beta(x)| P(|\beta_n(x) - \beta(x)| \geqslant |\beta(x)|)$$

则显然有：

$$Q_n(x) \leqslant |\beta(x)|$$

由式（3.81）和 Fubini 定理得：

$$\int_\Omega |\beta(x)| dx \leqslant \int_\Omega f_G(x) dx + |\theta_0| \iint_{\Omega\Theta} \frac{1}{\theta} f(x|\theta) dG(\theta) dx$$

$$\leqslant 1 + |\theta_0| \int_\Theta \frac{1}{\theta} \int_\Omega f(x|\theta) dx dG(\theta)$$

$$= 1 + |\theta_0| \int_\Theta \frac{1}{\theta} dG(\theta) < \infty$$

故由引理 3.6 及控制收敛定理可知：

$$0 \leqslant \lim_{n\to\infty} R(\delta_n(x), G(\theta)) - R_G \leqslant \int_\Omega \lim_{n\to\infty} Q_n(x) dx \tag{3.92}$$

由式（3.84）和式（3.89）及 Markov 不等式和 Jensen 不等式可得：

$$Q_n(x) \leqslant E_n|\beta_n(x) - \beta(x)|$$
$$\leqslant E_n|f_n(x) - f_G(x)| + |\theta_0 2x^{-3}| E_n|P_n(x) - P_G(x)|$$
$$\leqslant [E_n|f_n(x) - f_G(x)|^2]^{\frac{1}{2}} + |\theta_0 2x^{-3}|[E_n|P_n(x) - P_G(x)|^2]^{\frac{1}{2}}$$

又由引理 3.7 和引理 3.8 可知，对 $\forall x \in \Omega$，有：

$$0 \leqslant \lim_{n\to\infty} Q_n(x) \leqslant [\lim_{n\to\infty} E_n|f_n(x) - f_G(x)|^2]^{\frac{1}{2}} +$$
$$|\theta_0 2x^{-3}|[\lim_{n\to\infty} E_n|P_n(x) - P_G(x)|^2]^{\frac{1}{2}} = 0$$

于是:

$$\lim_{n \to \infty} Q_n(x) = 0$$

再结合式 (3.92), 定理得证。

**定理 3.8** 设 $\delta_n(x)$ 由式 (3.96) 定义, 其中 $X_1$, $X_2$, ⋯为独立同服从逆 Rayleigh 分布 (3.85) 的随机样本序列, 若 $f_G(x) \in C_{s,\alpha}$, 对于 $0 < \lambda < 1$, 有:

$$(B1) \int_\Omega |\beta(x)|^{1-\lambda} \mathrm{d}x < \infty$$

$$(B2) \int_\Omega |\beta(x)|^{1-\lambda} |x^{-3}|^\lambda \mathrm{d}x < \infty$$

则当 $b_n = n^{-\frac{1}{2s+1}}$ 时有:

$$R(\delta_n(x), G(\theta)) - R_G = O(n^{-\frac{\lambda s}{2s+1}})$$

其中 $s \geq 2$ 为正整数。

**证明** 由引理 3.6 及 Markov 不等式得:

$$0 \leq R(\delta_n, G) - R_G \leq \int_\Omega |\beta(x)|^{1-\lambda} E_n |\beta_n(x) - \beta_G(x)|^\lambda \mathrm{d}x$$

$$\leq c_1 \int_\Omega |\beta(x)|^{1-\lambda} E_n |f_n(x) - f_G(x)|^\lambda \mathrm{d}x +$$

$$c_2 \int_\Omega |\beta(x)|^{1-\lambda} |x^{-3}|^\lambda E_n |P_n(x) - P_G(x)|^\lambda \mathrm{d}x$$

$$= A_n + B_n$$

由引理 3.7、引理 3.8 及条件 (B1) 得:

$$A_n \leq c_1 n^{-\frac{\lambda s}{2s+1}} \int_\Omega |\beta(x)|^{1-\lambda} |\theta_0|^\lambda \mathrm{d}x \leq c_3 n^{-\frac{\lambda s}{2s+1}}$$

$$B_n \leq c_2 n^{-\frac{\lambda}{2}} \int_\Omega |\beta(x)|^{1-\lambda} |x^{-3}|^\lambda \mathrm{d}x \leq c_4 n^{-\frac{\lambda}{2}}$$

所以:

$$R(\delta_n(x), G(\theta)) - R_G = O(n^{-\frac{\lambda s}{2s+1}})$$

定理得证。

**注 3.3**　当 $\lambda \to 1, s \to \infty$ 时，$O(n^{-\frac{\lambda s}{2s+1}})$ 可任意接近 $O(n^{-\frac{1}{2}})$。

## 3.6　一类单参数指数分布族参数的经验 Bayes 估计的渐近最优性

设随机变量 $X$ 为服从参数为 $\theta$ 的单参数指数分布族分布，其概率密度函数为：

$$f(x \mid \theta) = c(\theta)u(x)e^{-\theta x}, \quad x > 0 \qquad (3.93)$$

其中 $\theta > 0$ 为未知尺度参数，$u(x)$ 为单调递增的正值实值函数，$\Omega = \{x \mid x > 0\}$ 为样本空间，$\Theta = \left\{\theta > 0 \mid \int_{\Omega} f(x \mid \theta) dx = 1\right\}$ 为参数空间。

注意到此类分布族包含指数分布、伽玛分布等，因而其在可靠性、生存分析等领域皆有广泛的应用。

本节在加权平方损失函数下，利用枢轴量方法，给出了一类单参数指数分布族参数的 Bayes 估计，并在参数先验未知情形下构造了经验 Bayes 估计量，讨论了所构造的经验 Bayes 估计的渐进最优性。结果表明，在适当的条件下，估计的收敛速度可达到 $O(n^{-1})$。

### 3.6.1　加权平方损失函数下尺度参数的 Bayes 估计

本节在加权平方损失函数（3.60）下讨论单参数指数分布族分布的尺度参数的经验 Bayes 估计问题。

采用上述的加权平方损失函数的好处是它具有不变性，并使 Bayes 表达式更加简洁，经验 Bayes 估计函数易于构造。

本节做如下假定：设参数 $\theta$ 有先验分布 $G(\theta)$，且 $G(\theta)$ 属于如下一类分布族：

$$F = \{G(\theta): E(\theta^2) < \infty, E(\theta^{-1}c(\theta)) < \infty, E(\theta^{-3}c(\theta)) < \infty\}$$

在加权平方损失函数（3.60）下，参数 $\theta$ 的 Bayes 估计为：

$$\delta_G(x) = \frac{E(\theta^{-1} \mid x)}{E(\theta^{-2} \mid x)} = \frac{p_1(x)}{p_2(x)} \qquad (3.94)$$

其中：

$$p_1(x) = \int_{\Theta} \theta^{-1} c(\theta) u(x) e^{-\theta x} dG(\theta)$$

$$p_2(x) = \int_\Theta \theta^{-2} c(\theta) u(x) \mathrm{e}^{-\theta x} \mathrm{d}G(\theta) \qquad (3.95)$$

$\delta_G(x)$ 的 Bayes 风险:

$$R_G = R(\delta_G, G) = \inf_\delta R(\delta, G) = E_{(X,\theta)} \left[ \frac{(\theta - \delta)^2}{\theta^2} \right] \qquad (3.96)$$

这里 $E_{(X,\theta)} [\ \cdot\ ]$ 表示对 $(X,\theta)$ 的联合分布求均值。

　　注意下列事实: 若先验分布 $G(\theta)$ 是已知的, 且 $\delta(x)$ 等于 $\delta_G(x)$ 时, $R_G$ 是可以精确达到的。不幸的是此处 $G(\theta)$ 是未知的, 所以 $\delta_G(x)$ 也未知, 因而 Bayes 估计 $\delta_G(x)$ 无实用价值, 于是需要引入经验 Bayes 方法, 这就需要构造其风险可任意接近 $R_G$ 的经验 Bayes 估计。

### 3.6.2　尺度参数的经验 Bayes 估计的构造

　　在 EB 问题的框架中, 通常假定 $(X_1, \theta_1), \cdots, (X_n, \theta_n)$ 和 $(X_{n+1}, \theta_{n+1}) \triangleq (X, \theta)$ 是相互独立的随机变量对子, 其中 $\theta_i (i = 1, \cdots, n)$ 和 $\theta$ 具有共同的先验分布 $G(\theta)$, 且 $X_i (i = 1, \cdots, n)$ 和 $X$ 具有共同的边缘密度函数 $f_G(x)$, 称 $X_1, X_2, \cdots, X_n$ 为历史样本, $X_{n+1}$ 为当前样本。

　　**引理 3.9**　设 $X_1, \cdots, X_n$ 为来自分布 (3.93) 的独立同分布的随机样本, 令:

$$V_j(x) = \frac{u(x)}{u(X_j)} I(X_j - x)$$

$$p_3(x) = \int_\Theta \theta^{-3} c(\theta) u(x) \mathrm{e}^{-\theta x} \mathrm{d}G(\theta)$$

定义:

$$p_{1n}(x) = \frac{1}{n} \sum_{j=1}^n V_j(x)$$

$$p_{2n}(x) = \frac{1}{n} \sum_{j=1}^n \left[ (X_j - x) V_j(x) \right]$$

则有:

　　(1)　$E(p_{1n}(x)) = p_1(x), E(p_{2n}(x)) = p_2(x)$;

　　(2)　$\mathrm{Var}(p_{1n}(x)) \leqslant \dfrac{1}{n} p_1(x), \mathrm{Var}(p_{2n}(x)) \leqslant \dfrac{2}{n} p_3(x)$。

**证明**　（1）

$$EV_j(x) = \int_x^\infty \frac{u(x)}{u(t)} f(t)\,\mathrm{d}t$$

$$= \int_x^\infty \frac{u(x)}{u(t)} \Big[ \int_\Theta c(\theta) u(t) \mathrm{e}^{-\theta t}\,\mathrm{d}G(\theta) \Big]\,\mathrm{d}t$$

$$= \int_x^\infty \Big[ \int_\Theta u(x) c(\theta) \mathrm{e}^{-\theta t}\,\mathrm{d}G(\theta) \Big]\,\mathrm{d}t$$

$$= \int_\Theta \Big( \int_x^\infty \mathrm{e}^{-\theta t}\,\mathrm{d}t \Big) u(x) c(\theta)\,\mathrm{d}G(\theta)$$

$$= \int_\Theta \frac{1}{\theta} \mathrm{e}^{-\theta x} u(x) c(\theta)\,\mathrm{d}G(\theta)$$

$$= E\Big( \frac{1}{\theta} \mid x \Big) = p_1(x)$$

注意到 $V_j(x)(j=1,\cdots,n)$ 为独立同分布的，从而：

$$E(p_{1n}(x)) = E\Big[ \frac{1}{n} \sum_{j=1}^n V_j(x) \Big] = EV_j(x) = p_1(x)$$

$$E(X_j - x)V_j(x) = \int_x^\infty (t-x) \frac{u(x)}{u(t)} \Big[ \int_\Theta c(\theta) u(t) \mathrm{e}^{-\theta t}\,\mathrm{d}G(\theta) \Big]\,\mathrm{d}t$$

$$= \int_x^\infty \Big[ (t-x) u(x) \int_\Theta c(\theta) \mathrm{e}^{-\theta t}\,\mathrm{d}G(\theta) \Big]\,\mathrm{d}t$$

$$= \int_\Theta \Big( \int_x^\infty t\mathrm{e}^{-\theta t}\,\mathrm{d}t \Big) u(x) c(\theta)\,\mathrm{d}G(\theta) - \int_\Theta \Big( \int_x^\infty \mathrm{e}^{-\theta t}\,\mathrm{d}t \Big) x u(x) c(\theta)\,\mathrm{d}G(\theta)$$

$$= \int_\Theta \Big( \frac{x}{\theta} + \frac{1}{\theta^2} \Big) \mathrm{e}^{-\theta x} u(x) c(\theta)\,\mathrm{d}G(\theta) - \int_\Theta \frac{1}{\theta} \mathrm{e}^{-\theta x} x u(x) c(\theta)\,\mathrm{d}G(\theta)$$

$$= E\Big( \frac{1}{\theta^2} \mid x \Big) = p_2(x)$$

注意到 $(X_j - x)V_j(x)(j=1,\cdots,n)$ 为独立同分布，从而：

$$E(p_{2n}(x)) = E\Big[ \frac{1}{n} \sum_{j=1}^n (X_j - x) V_j(x) \Big] = p_2(x)$$

（2）

$$\mathrm{Var}(V_j(x)) = EV_j^2(x) - [EV_j(x)]^2$$

$$= \int_x^\infty \frac{u^2(x)}{u^2(t)} \Big[ \int_\Theta c(\theta) u(t) \mathrm{e}^{-\theta t}\,\mathrm{d}G(\theta) \Big]\,\mathrm{d}t - P_1^2(x)$$

$$= \int_\Theta \Big[ \int_x^\infty \frac{1}{u(t)} \mathrm{e}^{-\theta t}\,\mathrm{d}t \Big] u^2(x) c(\theta)\,\mathrm{d}G(\theta) - P_1^2(x)$$

$$\leqslant \int_\Theta \Big( \int_x^\infty \mathrm{e}^{-\theta t}\,\mathrm{d}t \Big) u(x) c(\theta)\,\mathrm{d}G(\theta) - P_1^2(x)$$

$$= \int_\Theta \frac{1}{\theta} \mathrm{e}^{-\theta x} u(x) c(\theta)\,\mathrm{d}G(\theta) - p_1^2(x)$$

$$= p_1(x) - p_1^2(x) \leqslant p_1(x)$$

注意到 $V_j(x)(j=1,\cdots,n)$ 为独立同分布，从而：

$$\mathrm{Var}(p_{1n}(x)) \leqslant \frac{1}{n}p_1(x)$$

$$\mathrm{Var}((X_j-x)V_j(x)) \leqslant E((X_j-x)V_j(x))^2$$

$$= \int_x^\infty (t-x)^2 \frac{u^2(x)}{u^2(t)} \Big[\int_\Theta c(\theta)u(t)\mathrm{e}^{-\theta t}\mathrm{d}G(\theta)\Big]\mathrm{d}t$$

$$\int_\Theta \Big[\int_x^\infty \frac{(t-x)^2}{u(t)}\mathrm{e}^{-\theta t}\mathrm{d}t\Big]c(\theta)u^2(x)\mathrm{d}G(\theta)$$

$$\leqslant \int_\Theta \Big[\int_x^\infty (t-x)^2 \mathrm{e}^{-\theta t}\mathrm{d}t\Big]c(\theta)u(x)\mathrm{d}G(\theta)$$

$$= \int_\Theta \frac{2}{\theta^3}\mathrm{e}^{-\theta x}c(\theta)u(x)\mathrm{d}G(\theta) = 2p_3(x)$$

注意到 $(X_j-x)V_j(x)(j=1,\cdots,n)$ 为独立同分布，从而：

$$\mathrm{Var}(p_{2n}(x)) \leqslant \frac{2}{n}p_3(x)$$

**定义 3.3**  参数 $\theta$ 的经验 Bayes 估计为：

$$\delta_n(x) = \frac{p_{1n}(x)}{\hat{p}_{2n}(x)} \tag{3.97}$$

其中：

$$\hat{p}_{2n}(x) = [p_{2n}(x)]_{n^\nu}$$

且

$$[u]_c = \begin{cases} -c, & u < -c \\ u, & |u| \leqslant c \\ c, & u > c \end{cases}$$

本节用 $E_*$ 和 $E$ 分别表示关于 $(X_1,\cdots,X_n,(X,\theta))$ 及 $(X_1,\cdots,X_n)$ 的联合分布求均值，故 $\delta_n(x)$ 的全面 Bayes 风险为：

$$R_n = R_n(\delta_n, G) = E_*\Big[\frac{(\theta-\delta_n)^2}{\theta^2}\Big] \tag{3.98}$$

**定义 3.4**  若 $\lim\limits_{n\to\infty}R(\delta_n(x),G(\theta)) = R_G$，则称 $\{\delta_n(x)\}$ 为渐近最优的（a. o.）经验 Bayes 估计；若 $R(\delta_n(x),G(\theta)) - R_G = O(n^{-q}),q>0$，则称 $\{\delta_n(x)\}$ 的收敛速度为 $O(n^{-q})$。

由定义可见，经验 Bayes 估计优良性的评价取决于其风险逼近 Bayes 风险的程度。

### 3.6.3 尺度参数的经验 Bayes 估计的渐近最优性

本节下面的讨论中令 $c$，$c_1$，$c_2$，… 表示不同的常数，即使它们在同一表达式中也可能取不同的值。

**引理 3.10**    对任一估计 $\delta$ 有：$R(\delta, G) - R_G = E_*\left[\dfrac{(\delta - \delta_n)^2}{\theta^2}\right]$，其中 $R(\delta, G)$ 表示 $\delta$ 的 Bayes 风险。

**定理 3.9**    $R_n$ 和 $R_G$ 分别由式（3.98）和式（3.96）定义，对于分布族式（3.93），若 $u(x)$ 关于 $x$ 单调递增，且先验 $G$ 属于分布族 $F$，则有：

$$\lim_{n \to \infty} R(\delta_n(x), G(\theta)) = R_G$$

**证明**    由引理 3.10 知：

$$R(\delta_n(x), G(\theta)) - R_G = E_*\left[\frac{(\delta_B - \delta_n)^2}{\theta^2}\right] = E_{(X,\theta)}\left[\theta^{-2}E(\delta_n - \delta_B)^2\right]$$

从而由控制收敛定理知，为证定理只需证明：

(1) $\theta^{-2}E(\delta_n - \delta_B)^2 \leq M(x, \theta)$，对充分大的 $n$，且 $E_{(X,\theta)}M(x,\theta) < \infty$；

(2) $\lim\limits_{n \to \infty} \theta^{-2}E(\delta_n - \delta_B)^2 = 0$，对任意给定的 $x$ 和 $\theta$，因为：

$$E(\delta_n - \delta_B)^2 = E\left[\frac{p_{1n}(x)}{\hat{p}_{2n}(x)} - \frac{p_1(x)}{p_2(x)}\right]^2$$

$$= E\left\{\frac{p_{1n}(x) - p_1(x)}{\hat{p}_{2n}(x)} - \left[\frac{p_1(x)}{p_2(x)} - \frac{p_1(x)}{\hat{p}_{2n}(x)}\right]\right\}^2$$

$$= E\left\{\frac{p_{1n}(x) - p_1(x)}{\hat{p}_{2n}(x)} - \delta_B\left[1 - \frac{p_2(x)}{\hat{p}_{2n}(x)}\right]\right\}^2$$

$$\leq 2E\left[\frac{p_{1n}(x) - p_1(x)}{\hat{p}_{2n}(x)}\right]^2 + 2\delta_B^2 E\left[1 - \frac{p_2(x)}{\hat{p}_{2n}(x)}\right]^2$$

$$= 2(I_1 + \delta_B^2 I_2)$$

由定义 3.3 有：

$$I_1 \leq \delta_n^{-2}E[p_{1n}(x) - p_1(x)]^2$$

$$= \delta_n^{-2}\text{Var}(p_{1n}(x)) \leq \frac{1}{n}\delta_n^{-2}p_1(x)$$

$$I_2 \leqslant E\left[\frac{\hat{p}_{2n}(x) - p_2(x)}{\hat{p}_{2n}(x)}\right]^2 I(p_2(x) \geqslant \delta_n) +$$

$$E\left[\frac{\hat{p}_{2n}(x) - p_2(x)}{\hat{p}_{2n}(x)}\right]^2 I(p_2(x) < \delta_n)$$

$$= J_1 + J_2$$

因为：

$$p_2(x) - \hat{p}_{2n}(x) = \begin{cases} p_2(x) - \hat{p}_{2n}(x), & |p_{2n}(x)| \geqslant \delta_n \\ p_2(x) - \delta_n < p_2(x) - \hat{p}_{2n}(x), & |p_{2n}(x)| < \delta_n \end{cases}$$

由定义 3.3 有：

$$J_1 \leqslant \delta_n^{-2} E[\hat{p}_{2n}(x) - p_2(x)]^2 I(p_2(x) \geqslant \delta_n)$$

$$\leqslant \delta_n^{-2} E[\hat{p}_{2n}(x) - p_2(x)]^2$$

$$= \delta_n^{-2} \text{Var}(p_{2n}(x)) \leqslant \frac{1}{n}\delta_n^{-2} p_3(x)$$

由于 $p_2(x) < \delta_n$ 时有：

$$\left|\frac{p_2(x)}{\hat{p}_{2n}(x)}\right| \leqslant 1$$

则有：

$$J_2 \leqslant 4\delta_n I(p_2(x) < \delta_n)$$

综上，对充分大的 $n$，有：

$$\theta^{-2} E(\delta_n - \delta_B)^2 \leqslant \frac{2}{n}\delta_n^{-2} p_1(x)\theta^{-2} + \frac{2}{n}\delta_n^{-2} p_3(x) + 8\delta_n I(p_2(x) < \delta_n) \quad (3.99)$$

于是对任意固定的 $x$ 和 $\theta$，有：

$$\lim_{n \to \infty} \theta^{-2} E(\delta_n - \delta_B)^2 = 0$$

故（2）得证。

又显然在定理的条件下，由式（3.99）知：

$$\theta^{-2} E(\delta_n - \delta_B)^2 \leqslant p_1(x)\theta^{-2} + p_3(x)\theta^{-2} = M(x, \theta)$$

又由于：

$$p_1(x) = \int_{\Theta} \theta^{-1} u(x) c(\theta) e^{-\theta x} dG(\theta)$$

$$\leqslant u(x) \int_{\Theta} \theta^{-1} c(\theta) dG(\theta)$$

$$= u(x) E(\theta^{-1} c(\theta)) < \infty$$

$$p_3(x) = \int_{\Theta} \theta^{-3} c(\theta) u(x) e^{-\theta x} dG(\theta)$$

$$\leqslant u(x) \int_{\Theta} \theta^{-3} c(\theta) dG(\theta)$$

$$= u(x) E(\theta^{-3} c(\theta)) < \infty$$

故对充分大的 $n$，有 $E_{(X,\theta)} M(x,\theta) < \infty$。从而定理得证。

### 3.6.4　算例分析

**例 3.1**　设在给定 $\theta$ 的条件下，$X$ 有条件概率密度函数：

$$f(x \mid \theta) = \frac{\theta^r}{\Gamma(r)} x^{r-1} e^{-\theta x} I(x > 0)$$

此处 $r \geqslant 1$ 为已知常数。参数空间为 $\Theta = \{\theta : \theta > 0\}$。

假定 $\theta$ 的先验概率密度函数为：

$$g(\theta) = \frac{\beta^\alpha}{\Gamma(\alpha)} \theta^{\alpha-1} e^{-\beta\theta} I(\theta > 0), \quad \alpha > 2, \beta > 0$$

易见当 $r \geqslant 1, \alpha > 2$ 时，定理 3.9 的条件成立。

记 $c(\theta) = \theta^r, u(x) = \dfrac{x^{r-1}}{\Gamma(r)}$，这是由于：

（1）当 $r \geqslant 1$ 时，$u(x)$ 关于 $x$ 单调递增；

（2）当 $\alpha > 2$ 时有：

$$E(\theta^{-2}) = \int_0^\infty \frac{\beta^\alpha}{\Gamma(\alpha)} \theta^{(\alpha-2)-1} e^{-\beta\theta} d\theta$$

$$= \frac{\beta^\alpha}{\Gamma(\alpha)} \frac{\Gamma(\alpha-2)}{\beta^{\alpha-2}} = \frac{\beta^2}{(\alpha-1)(\alpha-2)}$$

$$E(\theta^{-i} c(\theta)) = \int_0^\infty \frac{\beta^\alpha}{\Gamma(\alpha)} \theta^{(\alpha+r-i)-1} e^{-\beta\theta} d\theta$$

$$= \frac{\beta^\alpha}{\Gamma(\alpha)} \frac{\Gamma(\alpha+r-i)}{\beta^{\alpha+r-i}}, \quad i = 1, 3$$

从而有如下结论：

$$\lim_{n\to\infty} R(\delta_n(x), G(\theta)) = R_G$$

## 3.7 本章小结

本章讨论了几类可靠性分布（广义 Pareto 分布、艾拉姆咖分布、比例危险率模型和 Laplace 分布）参数的 Bayes 估计问题，以及逆 Rayleigh 分布参数的经验 Bayes 双侧检验和一类特殊的单参数指数分布族的经验 Bayes 估计问题。本章的主要创新之处为：

（1）提出了一类新的对称损失函数，由于该损失函数的提出是建立在 LINEX 损失函数基础上的，所以也可以将其称为复合 LINEX 对称损失函数，但是本章所提出的损失函数和文献［148］提出的损失函数是有区别的，文献［148］定义的损失函数 $\Delta = \delta - \theta$，而本章中 $\Delta = \dfrac{\delta - \theta}{\theta}$。本章所提出的损失函数的好处在于可以减小参数值太大或太小对估计的影响，同时该损失函数也比平方误差损失函数下导出的 Bayes 估计稳健。

（2）艾拉姆咖分布产品的寿命绩效指标的 Bayes 估计和 Bayes 假设检验问题还未见有文献研究，然而作为一类重要的望大型过程能力指标，寿命绩效指标的统计推断值得关注和研究，本章的研究方法一方面可以为工程师遇到产品寿命服从艾拉姆咖分布时对过程进行控制和评价，同时相关研究方法可以拓展到其他可靠性分布产品寿命绩效的评估中，可以进一步丰富和发展过程能力指数的统计推断理论。

（3）本章在加权线性损失函数下探讨了逆 Rayleigh 分布参数的经验 Bayes 检验问题，对这一分布还未见有文献对此问题进行讨论。

# 4　不完全样本情形下分布模型
## 参数的 Bayes 统计推断研究

在生存分析、医学跟踪和可靠性理论等诸多的统计研究领域，统计试验产生的样本经常是不完全样本，不完全样本情形下模型参数函数的统计推断问题一直是近 10 多年研究的热点。截尾数据、删失数据、无失效数据和记录值都属于不完全样本数据。如果数据不是来自全体总体，而是来自总体的一部分，特别是来自被截断的总体，那么这样的数据称为截断数据（truncated data），有时称为截尾数据。随着科学技术的进步，产品的质量不断提高，产品的寿命也越来越长，致使由定时截尾寿命试验获得的数据经常是"无失效数据"（zero-failure data），即在规定的时间没有观察到产品失效。对无失效数据的可靠性分析是可靠性分析中的一个重要课题。如果数据集合的某些个体的观察对于某些指标在某一水平下没有记录，丢失了，那么这样的数据称为删失数据（censored data）。在最近十几年中，删失情形下的统计推断吸引了众多的目光并被广泛讨论，然而对它的研究主要是在经典统计理论框架下进行的[177]。应用 Bayes 和经验 Bayes 方法进行研究的还不多见。周晓东、汤银才、费鹤良[178]主要讨论了当寿命分布是威布尔分布时删失数据的贝叶斯统计分析方法，给出了多种删失数据场合参数的 Bayes 估计。Susarla 和 Van Ryzin[179]在研究随机右删失数据时，首先将经验 Bayes 方法引入到此类模型问题中。随后 Susarla 和 Van Ryzin[180]研究了随机右删失数据下单参数指数分布族在平方误差下的参数估计和线性误差损失函数下 K – 决策问题。然而他们只研究了经验 Bayes 法则的渐进最优性，并没有研究相应的经验 Bayes 法则的收敛速度问题。Liang[181]研究了基于随机右删失数据下指数分布均值时间的经验 Bayes 估计及其相应的收敛速度问题。Liang[182]研究了随机右删失数据下指数分布参数函数的经验 Bayes 检验和相应的收敛速度问题。M. Friesl[183]利用 Gamma 过程先验研究了随机删失下 Koziol-Green 模型参数的经验 Bayes 估计问题。王立春[184]研究了随机删失下经验 Bayes 估计的渐进最优性。Wang[185]研究了随机删失下尺度参数的单调经验 Bayes 检验问题，并给出了所构造的检验函数的渐进最优的收敛速度问题。

本章研究不完全数据情形下几类分布模型参数的 Bayes 统计推断问题。

## 4.1　逐步递增的 Ⅱ 型截尾下比例危险率模型参数的 Bayes 收缩估计

随着科技的进步，长寿命高可靠性的产品已经成为当今社会的主流产品，从节省时间和节约成本的角度，传统的寿命试验需要被新的截尾寿命试验所替代，逐步递增的Ⅱ型截尾寿命试验由于其相比传统的截尾试验更为省时和节约成本，在最近 10 多年来成为一类广为关注和研究的截尾寿命试验。在参数估计中，将有关未知参数的先验知识融合到参数的估计中能改善原有的估计，如收缩估计。Thompson[186] 提出了估计总体均值参数的收缩估计法：

$$\hat{\theta}_T = k\hat{\theta} + (1-k)\theta_0, \quad 0 \le k \le 1 \tag{4.1}$$

式中，$\theta_0$ 为参数先验值，它实际上由专家或工程师根据以往的经验或历史数据资料给出的参数 $\theta$ 的一个估计值；$\hat{\theta}_T$ 称为 Thompson 型估计。关于收缩估计的更多的研究可参考文献 [187~193]。

设随机变量 $X$ 服从参数为 $\theta$ 的比例危险率模型，相应的概率密度函数和分布函数分别为：

$$f(x;\theta) = \theta^{-1}g(x)\left[G(x)\right]^{1/\theta-1}, \quad -\infty \le c < x < d \le \infty \tag{4.2}$$

和

$$F(x;\theta) = 1 - \left[G(x)\right]^{1/\theta}, \quad -\infty \le c < x < d \le \infty \tag{4.3}$$

其中 $G(x)$ 为单调递减的可微函数，$g(x) = -G'(x) > 0$，且有：$G(c) = 1$，$G(d) = 0$。

本节将基于逐步递增Ⅱ型截尾样本，研究在平方误差和加权平方误差损失函数下讨论比例危险率模型（4.1）的参数 $\theta$ 的 Bayes 收缩估计问题。

## 4.1.1 逐步递增的Ⅱ型截尾寿命试验

逐步递增的Ⅱ型截尾寿命试验如下[194]：

假设有 $n$ 个样品同时进行试验。逐次截尾寿命试验是指：在每一个失效时刻，从尚未失效的产品中随机选取部分未失效的产品退出试验，直到第 $m$ 个产品失效时停止试验。也就是说：当观察到第一个失效时刻 $X_{1:m:n}$ 时，从未失效的 $n-1$ 个产品中随机移除 $R_1 = r_1$ 个产品退出试验；在第二个产品失效时刻 $X_{2:m:n}$，从留下的未失效的 $n-2-r_1$ 个产品中随机移除 $R_2 = r_2$ 个产品退出试验；依此类推，当第 $m$ 个失效时刻 $X_{m:m:n}$ 时，所有未失效的 $R_m = r_m = n-m-r_1-\cdots-r_{m-1}$ 个产品均退出试验。这里的截尾计划 $R = (R_1 = r_1, \cdots, R_{m-1} = r_{m-1})$ 是事先给定的，其中 $R_m = r_m = n-m-r_1-\cdots-r_{m-1}$，且此处的 $m$ 也是事先给定的。我们称这种试验为逐步递增的Ⅱ型截尾寿命试验，得到的样本 $X = (X_{1:m:n}, X_{2:m:n}, \cdots, X_{m:m:n})$ 称为逐步Ⅱ型截尾样本。

**注 4.1** 当 $r_1 = r_2 = \cdots = r_{m-1} = 0$ 时，$r_m = n - m$，此时即为通常的定数截尾寿命试验；当 $r_1 = r_2 = \cdots = r_{m-1} = r_m = 0$，此时即为完全样本试验。

设产品寿命为服从分布函数为 $F(x;\theta)$ 和概率密度函数为 $f(x;\theta)$ 的随机变量，则在逐步 II 截尾寿命试验下，截尾样本 $X = (X_{1:m:n}, X_{2:m:n}, \cdots, X_{m:m:n})$ 的联合概率密度函数为[194]：

$$f_{X_{1:m:n}, X_{2:m:n}, \cdots, X_{m:m:n}}(x_1, x_2, \cdots, x_m) = c \prod_{i=1}^{m} f(x_i;\theta) \left[ 1 - F(x_i;\theta) \right]^{r_i} \quad (4.4)$$

式中，$c = n(n - r_1 - 1) \cdots (n - r_1 - r_2 - \cdots - r_{m-1} - m + 1)$；$x_i \equiv x_{i:m:n}$ 为 $X_{i:m:n}$ 的观察值，$i = 1, 2, \cdots, m$。

### 4.1.2 比例危险率模型参数的 Bayes 收缩估计

本节将在如下两种损失函数（1）和（2）下研究比例危险率模型参数的 Bayes 估计问题。

（1）平方误差损失函数：

$$L_1(\hat{\theta}, \theta) = (\hat{\theta} - \theta)^2$$

（2）加权平方误差损失函数：

$$L_2(\hat{\theta}, \theta) = \left( \frac{\hat{\theta} - \theta}{\theta} \right)^2$$

由式（4.4）易知，在给定逐步递增的 II 型截尾样本观测之后，参数 $\theta$ 的似然函数为：

$$L(\theta) = c \prod_{i=1}^{m} f(x_i;\theta) \left[ 1 - F(x_i;\theta) \right]^{r_i} = c \prod_{i=1}^{m} \frac{g(x_i)}{G(x_i)} \cdot \theta^{-m} e^{-t/\theta} \quad (4.5)$$

式中，$t$ 为 $T = -\sum_{i=1}^{m} (1 + r_i) \ln G(x_i)$ 的样本观察值。

相应于式（4.5），参数 $\theta$ 的对数似然函数为：

$$\ln L(\theta) = \ln c + \sum_{i=1}^{m} \ln [ g(x_i)/G(x_i) ] - m \ln \theta - t/\theta \quad (4.6)$$

解对数似然方程：

$$\frac{\mathrm{d}\ln L(\theta)}{\mathrm{d}\theta} = -\frac{m}{\theta} + \frac{t}{\theta^2} = 0 \tag{4.7}$$

得 $\theta$ 的最大似然估计为:

$$\hat{\theta}_{MLE} = \frac{T}{m} \tag{4.8}$$

式中, $T = -\sum_{i=1}^{m} (1 + r_i)\ln G(x_i)$。

接下来的讨论中, 设 $X = (X_{1:m:n}, X_{2:m:n}, \cdots, X_{m:m:n})$ 为来自比例危险率模型 (4.2) 的逐步递增的 Ⅱ 型截尾样本, $r_1, r_2, \cdots, r_m$ 为相应的移离试验的样本数, 并设 $T = \sum_{i=1}^{m} (1 + r_i)X_{i:m:n}^2$。

**引理 4.1**　$T \sim \Gamma(m, \theta^{-1})$。

**证明**　令 $Y_i = \dfrac{X_{i:m:n}^2}{\theta}$ $(i = 1, 2, \cdots, m)$ 则 $Y_1 < \cdots < Y_m$ 为来自总体服从标准指数分布 EXP (1) (即失效率参数值为 1 的指数分布) 的逐步递增的 Ⅱ 型截尾样本。考虑如下变换[195]:

$$\begin{cases} Z_1 = nY_1 \\ Z_2 = (n - r_1 - 1)(Y_2 - Y_1) \\ Z_3 = (n - r_1 - r_2 - 2)(Y_3 - Y_2) \\ \vdots \\ Z_m = (n - r_1 - \cdots - r_{m-1} - m + 1)(Y_m - Y_{m-1}) \end{cases} \tag{4.9}$$

Thomas 和 Wilson (1972) 证明了 $Z_1, Z_2, \cdots, Z_m$ 独立同分布且同服从标准指数分布, 且有 $2\sum_{i=1}^{m} Z_i \sim \chi^2(2m)$, 即有:

$$2\sum_{i=1}^{m} Z_i = 2\sum_{i=1}^{m} (1 + r_i)Y_i = 2\sum_{i=1}^{m} (1 + r_i)\frac{X_{i:m:n}^2}{\theta} = \frac{2T}{\theta} \sim \chi^2(2m) \tag{4.10}$$

从而易证 $T$ 服从伽玛分布 $\Gamma(m, \theta^{-1})$。因而有:

$$ET = m\theta, \quad ET^2 = m(m + 1)\theta^2 \tag{4.11}$$

设参数 $\theta$ 的共轭先验分布为倒伽玛分布 $I\Gamma(\alpha, \beta)$, 相应的概率密度函数为:

$$\pi(\theta;\alpha,\beta) = \frac{\beta^{\alpha}}{\Gamma(\alpha)}\theta^{-\alpha-1}\exp\left(-\frac{\beta}{\theta}\right), \quad \theta > 0, \alpha, \beta > 0 \tag{4.12}$$

则参数 $\theta$ 的后验概率密度函数为：

$$
\begin{aligned}
h(\theta \mid x) &\propto L(\theta) \cdot \pi(\theta;\alpha,\beta) \\
&\propto \theta^{-m}\exp(-t/\theta) \cdot \theta^{-\alpha-1}\exp(-\beta/\theta) \\
&\propto \theta^{-(m+\alpha)-1}\exp\left(-\frac{\beta+t}{\theta}\right)
\end{aligned}
\tag{4.13}
$$

从而 $\theta$ 的后验分布为倒伽玛分布 $I\Gamma(m+\alpha,\beta+t)$，其中 $t = \sum\limits_{i=1}^{m}(1+r_i)x_{i:m:n}^2$。

**注 4.2**  在平方误差损失函数（4.5）下，参数 $\theta$ 的 Bayes 估计为其后验期望，即有：

$$\hat{\theta}_B = E(\theta \mid X) = \frac{\beta+T}{m+\alpha-1} \tag{4.14}$$

现假设根据已有的工程经验已知参数 $\theta$ 的先验估计值为 $\theta_0$，我们采用如下方法确定先验分布中的超参数 $\alpha$，$\beta$ 值：令 $E(\hat{\theta}_B) = \theta_0$，并由引理 4.1 得：

$$\beta = (\alpha-1)\theta_0 \tag{4.15}$$

将得到的 $\beta$ 的值代入到式（4.14）中，有：

$$\hat{\theta}_{SB} = \frac{mT_1}{m+\alpha-1} + \frac{\alpha-1}{m+\alpha-1}\theta_0 = k_1 T_1 + (1-k_1)\theta_0 \tag{4.16}$$

其中 $k_1 = \dfrac{m}{m+\alpha-1}, \alpha > 1$。这恰好具有式（4.1）的形式，此时我们把通过这种方法得到的估计称为 Bayes 收缩估计。

**定理 4.1**  设 $X = (X_{1:m:n}, X_{2:m:n}, \cdots, X_{m:m:n})$ 为来自比例危险率模型（4.2）的逐步递增的 II 型截尾样本，$r_1$，$r_2$，$\cdots$，$r_m$ 为相应的移离试验的样本数，并设 $T = \sum\limits_{i=1}^{m}(1+r_i)X_{i:m:n}$，在加权平方误差损失函数（4.6）下，参数 $\theta$ 的 Bayes 估计为：

$$\hat{\theta}_{WB} = \frac{E(\theta^{-1} \mid X)}{E(\theta^{-2} \mid X)} = \frac{(m+\alpha)/(\beta+T)}{(m+\alpha)(m+\alpha-1)/(\beta+T)^2} = \frac{\beta+T}{m+\alpha+1} \tag{4.17}$$

下面采用类似的方法确定先验分布中的超参数 $\alpha$，$\beta$ 值：

令 $E(\hat{\theta}_{WB}) = \theta_0$ 并由引理 3.1 得 $\beta = (\alpha + 1)\theta_0$，将得到的 $\beta$ 的值代入到式 (4.17) 中，有：

$$\hat{\theta}_{SWB} = \frac{mT_1}{m + \alpha + 1} + \frac{\alpha + 1}{m + \alpha + 1}\theta_0 = k_2 T_1 + (1 - k_2)\theta_0 \qquad (4.18)$$

其中，$k_2 = \dfrac{m}{m + \alpha + 1}$，这也具有式 (4.1) 的形式，亦称为 Bayes 收缩估计。

### 4.1.3 实例分析和结论

这里采用 Nelson[196] 关于某电子绝缘液耐压强度检测的例子进行研究。在 34kV 电压下，Nelson 测得该种绝缘液的 19 个样品的被击穿时间。文献 [129] 应用此组数据产生一个逐步递增的 II 型截尾样本，数据见表 4.1。

表 4.1 逐步截尾样本 $(n = 19, m = 8)$

| $i$ | 1 | 2 | 3 | 4 | 5 | 6 | 7 | 8 |
|-----|------|------|------|------|------|------|------|------|
| $x_i$ | 0.19 | 0.78 | 0.96 | 1.31 | 2.78 | 4.85 | 6.50 | 7.35 |
| $r_i$ | 0 | 0 | 3 | 0 | 3 | 0 | 0 | 5 |

文献 [129] 和 [197] 利用最小二乘以及拟合优度检验法分别证明了单参数指数分布 $f(x; \theta) = \theta^{-1}\exp(-x/\theta), x > 0, \theta > 0$ 拟合 Nelson 实验电子绝缘液的耐压强度时间分布是合适的，这恰是比例危险率模型的一个具体例子。计算 $T = \sum_{i=1}^{m}(1 + r_i)x_i = 72.69, T_1 = T/m = 9.0862$，则参数 $\theta$ 的最大似然估计为：$\hat{\theta}_{MLE} = 9.0862$；参数 $\theta$ 的 Bayes 和 Bayes 收缩估计值见表 4.2。

表 4.2 不同先验分布下参数的 Bayes 和 Bayes 收缩估计值

| 先验参数 $\alpha$ 值 | $\hat{\theta}_B$ ($\beta = 2$) | $\hat{\theta}_{SB}$ ($\theta_0 = 9.0$) | $\hat{\theta}_{SB}$ ($\theta_0 = 9.5$) | $\hat{\theta}_{WB}$ ($\beta = 2$) | $\hat{\theta}_{SWB}$ ($\theta_0 = 9.0$) | $\hat{\theta}_{SWB}$ ($\theta_0 = 9.5$) |
|-----|-----|-----|-----|-----|-----|-----|
| $\alpha = 1.1$ | 9.2210 | 9.0852 | 9.0914 | 7.3950 | 9.0683 | 9.1723 |
| $\alpha = 1.5$ | 8.7871 | 9.0812 | 9.1106 | 7.1133 | 9.0657 | 9.1848 |
| $\alpha = 2.0$ | 8.2989 | 9.0767 | 9.1322 | 6.7900 | 9.0627 | 9.1991 |
| $\alpha = 2.5$ | 7.8621 | 9.0726 | 9.1516 | 6.4948 | 9.0600 | 9.2122 |

从表 4.2 及大量的数值模拟试验可以得到如下结论：

（1）Bayes 估计受两个超参数的影响而 Bayes 收缩估计不但利用了参数先验值 $\theta_0$ 而且仅受一个超参数的影响，若实际中我们得到的参数先验值 $\theta_0$ 较接近真值，Bayes 收缩估计相对 Bayes 估计而言稳健性更好，因而推荐使用 Bayes 收缩估计方法对参数进行估计。

（2）当样本容量 $n$ 很大，$n-m$ 很小时，各类估计均较接近真实值。

本节讨论了一类较新的截尾寿命试验——逐步递增的 Ⅱ 型截尾寿命试验。在假定寿命分布服从比例危险率模型情形下取得了未知参数的最大似然估计，并在平方误差以及加权平方误差损失函数下得到了参数的 Bayes 估计和 Bayes 收缩估计。由于比例危险率模型包含诸如指数分布、Weibull 分布、Burr Type Ⅻ分布等寿命分布模型，故本书的结论可直接应用到这些模型中。

## 4.2　基于无失效数据的指数分布可靠性的 Bayes 统计推断研究

随着科学技术的进步，产品的质量也不断提高，产品的寿命越来越长，在可靠性试验中，常会得到各种截尾数据，在定时截尾试验中，常会遇到"无失效数据"，特别是在高可靠性、小样本问题中，更容易产生"无失效数据"（Zero-failure data），即在规定的时间没有观察到产品失效。对无失效数据的可靠性研究是近年来遇到的新问题，这项工作具有理论和实际应用价值。自从文献［198］发表以来，对无失效数据的研究已有近 40 年的历史了，现在已引起国内外的重视，并且已经取得了一些成果。无失效数据的可靠性研究进展情况参考文献［199～203］。指数分布作为非常重要的连续型随机变量的分布函数，关于其统计推断问题也得到了很充分的研究，但是基于无失效数据的指数分布可靠性的研究还主要基于平方误差损失函数进行研究[204~207]，也有文献基于熵损失函数进行研究[208]，但是还未见有文献基于刻度误差平方损失函数进行研究。

基于无失效数据，文献［200］利用指数分布的凸性，在假设 $p_i$ 的先验分布为均匀分布情形下讨论了 $p_i$ 的 Bayes 估计，以及失效率参数和可靠度参数的 Bayes 估计；文献［201］根据韩明在文献［202］中提出的减函数法，选取 $p_i$ 的先验分布的核分别为 $(1-p_i)^2$ 和 $\exp(-ap_i)$ 两种情况讨论了 $p_i$ 以及失效率和可靠度的 Bayes 估计问题；文献［209］指出文献［200］和［201］的估计方法虽都利用了先验信息，但都存在着局限性，其原因在于所采用分布函数的凸性来构造先验分布，而很多分布函数都具有凸性，导致估计的结果会相对粗糙。众所周知，指数分布的无记忆性是其特有的性质，所以在构造 $p_i$ 的先验分布时，若能够充分利用这一特性，将会更加符合客观事实。于是利用指数分布的无记忆性，文献［209］在失效率 $p_i$ 的先验密度的核为 $(1-p_i)^2$ 时基于平方误差损失函数导出了 $p_i$ 及失效率参数和可靠度参数的 Bayes 估计。

受文献［209］的启发，本书将利用指数分布的无记忆性，研究在失效率 $p_i$ 的先验密度的核为 $1 - p_i^2$ 时基于平方损失函数下 $p_i$ 及失效率参数和可靠度参数的 Bayes 估计问题。

### 4.2.1　指数分布无失效数据的统计模型

下面先介绍一下指数分布无失效数据的统计模型。

对产品进行截尾寿命试验，截尾时间分别为 $t_1, t_2, \cdots, t_k (t_1 < t_2 < \cdots < t_k)$，在 $t_i$ $(i = 1, 2, \cdots, k)$ 处共试验 $n_i$ 个样品，若结果所有样品无一失效（即这 $n_i$ 个样品的寿命均大于 $t_i$），则称这类数据为无失效数据（或无故障数据，或零失效数据）（zero-failure data），记作 $(t_i, n_i)$，$i = 1, 2, \cdots, k$。

试验提供的信息可概况为：

（1）$t = 0$ 时，其失效概率 $p_0 = P\{T < 0\} = 0$（或近似为零）。

（2）记 $s_i = n_i + \cdots + n_k$，它表示在 $t_i$ 时刻处有 $s_i$ 个样品还未失效，即有 $s_i$ 个样品的寿命大于 $t_i$。

（3）$0 < t_1 < t_2 < \cdots < t_k$，在 $t_i$ 时刻的失效概率记为 $p_i = P\{T < t_i\}$，则 $p_0 < p_1 < \cdots < p_k$。

在接下来的讨论中，$R_i = 1 - p_i$，$i = 1, \cdots, k$。

现假设在定时截尾试验中，产品寿命 $T$ 服从指数分布，则分布函数为：

$$F(t) = \begin{cases} 1 - \mathrm{e}^{-\lambda t}, & t > 0 \\ 0, & t \leqslant 0 \end{cases} \tag{4.19}$$

概率密度函数为：

$$f(t) = \exp(-\lambda t), \quad t > 0 \tag{4.20}$$

式中，$\lambda$ 为指数分布（4.20）的失效率参数。

### 4.2.2　可靠度 $R_i (i = 1, 2, \cdots, k)$ 的 Bayes 估计

为了方便使用指数分布的无记忆性，这里不妨设定时截尾寿命试验的时间间隔是等间隔的，即：

$$t_2 - t_1 = t_3 - t_2 = \cdots = t_k - t_{k-1} = t \tag{4.21}$$

下面分别给出指数分布可靠度 $R_i (i = 1, 2, \cdots, k)$ 的估计。

首先考察 $R_1$ 的估计。这里采用文献［209］介绍的方法，在无失效数据场合，失效率 $p_1$ 的估计为：

$$\hat{p_1} = \frac{0.5}{S_1 + 1} \tag{4.22}$$

由此得 $R_1$ 的估计为：

$$\hat{R_1} = 1 - \hat{p_1} = \frac{S_1 + 0.5}{S_1 + 1} \tag{4.23}$$

下面给出 $R_j(j=2,3,\cdots,k)$ 的估计。因为 $F(t)$ 关于 $t$ 是严格上凸的函数，及前面的假设（1）有 $F(0)=0$，于是：

$$\frac{F(t_1) - F(0)}{t_1 - 0} = \frac{p_1}{t_1} > \frac{F(t_2) - F(0)}{t_2 - 0} = \frac{p_2}{t_2} \tag{4.24}$$

即

$$\frac{p_1}{t_1} > \frac{p_2}{t_2} \tag{4.25}$$

又由假设（3）有 $p_1 < p_2$，可得：

$$p_1 < p_2 < p'_2, p'_2 = \min\left(1, p_1 \frac{t_2}{t_1}\right) \tag{4.26}$$

**引理 4.2**　设失效率 $p_2$ 的先验概率密度函数的核为 $1 - p_2^2$，则 $R_j(j>2)$ 的先验概率密度函数为：

$$\pi(R_j) = \frac{3}{j-1}\left(\frac{R_j}{\hat{R_1}}\right)^{\frac{1}{j-1}-1} \cdot \frac{3\left\{1 - \left[1 - \hat{R_1} \cdot \left(\frac{R_j}{\hat{R_1}}\right)^{\frac{1}{j-1}}\right]^2\right\}\hat{R_1}}{3[(1-R) - (1-\hat{R_1})] - [(1-R)^3 - (1-\hat{R_1})^3]} \tag{4.27}$$

其中，$\hat{R_1}\left(\dfrac{R}{\hat{R_1}}\right)^{j-1} < R(t) < \hat{R_1}$。

**证明**　当失效率 $p_2$ 的先验概率密度函数的核为 $1 - p_2^2$ 时，由前面的讨论可得到 $p_2$ 的先验概率密度函数为：

$$\pi(p_2) = \frac{3(1 - p_2^2)}{3(\hat{p'_2} - \hat{p_1}) - (\hat{p'_2}^3 - \hat{p_1}^3)} \tag{4.28}$$

其中，$\hat{p}_1 < p_2 < \hat{p}'_2$，$\hat{p}'_2 = \min\left(1, \hat{p}_1 \dfrac{t_2}{t_1}\right)$。

因为 $R_2 = 1 - p_2$，则 $R_2$ 的先验概率密度函数为：

$$\pi(R_2) = \frac{3[1 - (1 - R_2)^2]}{3[(1 - R) - (1 - \hat{R}_1)] - [(1 - R)^3 - (1 - \hat{R}_1)^3]}, \quad R < R_2 < \hat{R}_1$$

$$(4.29)$$

其中，$R = 1 - \hat{p}'_2$，$\hat{R}_1 = 1 - \hat{p}_1$。

由指数分布的无记忆性知：

$$R_2 = 1 - p_2 = P(T > t_2) = P(T > t_1 + t) = P(T > t_1)R(t) \qquad (4.30)$$

用 $\hat{R}_1$ 替换 $P(T > t_1)$。注意到 $R(t)$ 是 $R_2$ 的函数，且 $\dfrac{dR_2}{dR(t)} = \hat{R}_1$，由此得 $R(t)$ 的先验概率密度函数为：

$$\pi(R(t)) = \frac{3\{1 - [1 - R(t)]^2\}\hat{R}_1}{3[(1 - R) - (1 - \hat{R}_1)] - [(1 - R)^3 - (1 - \hat{R}_1)^3]}, \quad \frac{R}{\hat{R}_1} < R(t) < 1$$

同理，由指数分布的无记忆性，有：

$$R_j = P(T > t_1)R((j - 1)t) = \cdots = P(T > t_1)(R(t))^{j-1}$$

用 $\hat{R}_1$ 替换 $P(T > t_1)$。再注意到 $R_j$ 是 $R(t)$ 的函数，且：

$$\frac{dR(t)}{dR_j} = \frac{1}{j - 1}\left(\frac{R_j}{\hat{R}_1}\right)^{1/(j-1)-1} \frac{1}{\hat{R}_1}$$

由此得 $R_j$ 的先验分布为：

$$\pi(R_j) = \frac{3}{j - 1}\left(\frac{R_j}{\hat{R}_1}\right)^{\frac{1}{j-1}-1} \cdot \frac{3\left\{1 - \left[1 - \hat{R}_1 \cdot \left(\frac{R_j}{\hat{R}_1}\right)^{\frac{1}{j-1}}\right]^2\right\}\hat{R}_1}{3[(1 - R) - (1 - \hat{R}_1)] - [(1 - R)^3 - (1 - \hat{R}_1)^3]}$$

$$(4.31)$$

其中，$\hat{R}_1\left(\dfrac{R}{\hat{R}_1}\right)^{j-1} < R(t) < \hat{R}_1$。

**定理 4.2**　如果取失效率 $p_2$ 的先验密度的核为 $1 - p_2^2$，则 $R_j(j > 2)$ 的 Bayes 估计为：

$$\hat{R}_j = \frac{\hat{R}_1 \cdot C(S_j + 1)}{C(S_j)} \tag{4.32}$$

其中

$$C(x) = \hat{R}_1^2 \left\{ \left[ \frac{2}{2/(j-1)+x} w^{\frac{2}{j-1}+x} \right]_{(R/\hat{R}_1)^{j-1}}^{1} - \left[ \frac{\hat{R}_1}{3/(j-1)+x} w^{\frac{3}{j-1}+x} \right]_{(R/\hat{R}_1)^{j-1}}^{1} \right\} \tag{4.33}$$

**证明**　因为在平方误差损失函数下，$R_j$ 的 Bayes 估计为后验期望，为此先求出 $R_j$ 的后验分布。

从 $t_j$ 时刻开始，有 $S_j$ 个样品参加试验，并且整个试验过程无一失效，因而其似然函数为：

$$L(S_j, 0; R_j) = R_j^{S_j}, \quad j = 1, 2, \cdots, k \tag{4.34}$$

由 $R_j$ 的似然函数以及引理 4.2 所给出的 $R_j$ 的先验分布，可得 $R_j$ 的后验分布为：

$$
\begin{aligned}
\pi(R_j \mid S_j, 0) &= \frac{\pi(R_j) L(S_j, 0; R_j)}{\int_{\hat{R}_1 (R/\hat{R}_1)^{j-1}}^{\hat{R}_1} \pi(R_j) L(S_j, 0; R_j)\, \mathrm{d}R_j} \\
&= \frac{\left(\dfrac{R_j}{\hat{R}_1}\right)^{\frac{1}{j-1}+S_j-1} \cdot \left\{ 1 - \left[ 1 - \hat{R}_1 \cdot \left(\dfrac{R_j}{\hat{R}_1}\right)^{\frac{1}{j-1}} \right]^2 \right\}}{\int_{\hat{R}_1 (R/\hat{R}_1)^{j-1}}^{\hat{R}_1} \left(\dfrac{R_j}{\hat{R}_1}\right)^{\frac{1}{j-1}+S_j-1} \cdot \left\{ 1 - \left[ 1 - \hat{R}_1 \cdot \left(\dfrac{R_j}{\hat{R}_1}\right)^{\frac{1}{j-1}} \right]^2 \right\} \mathrm{d}R_j} \\
&= \frac{\left(\dfrac{R_j}{\hat{R}_1}\right)^{\frac{1}{j-1}+S_j-1} \cdot \left\{ 1 - \left[ 1 - \hat{R}_1 \cdot \left(\dfrac{R_j}{\hat{R}_1}\right)^{\frac{1}{j-1}} \right]^2 \right\}}{C(S_j)}
\end{aligned}
$$

其中

$$\hat{R}_1 \left( \frac{R}{\hat{R}_1} \right)^{j-1} < R(t) < \hat{R}_1$$

$$
\begin{aligned}
C(x) &= \int_{\hat{R}_1 (R/\hat{R}_1)^{j-1}}^{\hat{R}_1} \left(\frac{R_j}{\hat{R}_1}\right)^{\frac{1}{j-1}+x-1} \cdot \left\{ 1 - \left[ 1 - \hat{R}_1 \cdot \left(\frac{R_j}{\hat{R}_1}\right)^{\frac{1}{j-1}} \right]^2 \right\} \mathrm{d}R_j \\
&\underline{\underline{u = R/\hat{R}_1}} \int_{(R/\hat{R}_1)^{j-1}}^{1} w^{\frac{1}{j-1}+x-1} \cdot \left[ 1 - (1 - \hat{R}_1 \cdot w^{\frac{1}{j-1}})^2 \right] \hat{R}_1 \,\mathrm{d}u \\
&= \hat{R}_1^2 \left\{ \left[ \frac{2}{2/(j-1)+x} w^{\frac{2}{j-1}+x} \right]_{(R/\hat{R}_1)^{j-1}}^{1} - \left[ \frac{\hat{R}_1}{3/(j-1)+x} w^{\frac{3}{j-1}+x} \right]_{(R/\hat{R}_1)^{j-1}}^{1} \right\}
\end{aligned}
$$

于是在平方损失函数下，$R_j$ 的 Bayes 估计为：

$$
\begin{aligned}
\hat{R}_j &= E[R_j \mid S_j, 0] \\
&= \int_{\hat{R}_1(R/\hat{R}_1)^{j-1}}^{\hat{R}_1} R_j \cdot \frac{\pi(R_j)L(S_j, 0; R_j)}{\int_{\hat{R}_1(R/\hat{R}_1)^{j-1}}^{\hat{R}_1} \pi(R_j)L(S_j, 0; R_j)\,\mathrm{d}R_j}\,\mathrm{d}R_j \\
&= \frac{\int_{\hat{R}_1(R/\hat{R}_1)^{j-1}}^{\hat{R}_1} R_j \cdot \left(\dfrac{R_j}{\hat{R}_1}\right)^{\frac{1}{j-1}+S_j-1} \cdot \left\{1 - \left[1 - \hat{R}_1 \cdot \left(\dfrac{R_j}{\hat{R}_1}\right)^{\frac{1}{j-1}}\right]^2\right\}\mathrm{d}R_j}{C(S_j)} \\
&= \frac{\hat{R}_1 \cdot \int_{\hat{R}_1(R/\hat{R}_1)^{j-1}}^{\hat{R}_1} \left(\dfrac{R_j}{\hat{R}_1}\right)^{\frac{1}{j-1}+S_j+1-1} \cdot \left\{1 - \left[1 - \hat{R}_1 \cdot \left(\dfrac{R_j}{\hat{R}_1}\right)^{\frac{1}{j-1}}\right]^2\right\}\mathrm{d}R_j}{C(S_j)} \\
&= \frac{\hat{R}_1 \cdot C(S_j+1)}{C(S_j)}
\end{aligned}
$$

### 4.2.3 可靠性指标的估计

当产品的寿命 $T$ 服从指数分布 $f(t) = \exp\left(-\dfrac{t}{\theta}\right), t > 0$ 时，产品在时刻 $t_i$ 的可靠度 $R_i$ 可表示为：

$$
R_i = P(T > t_i) = \exp\left(-\frac{t_i}{\theta}\right), \quad i = 1, 2, \cdots, k
$$

又可表示为

$$
-\ln R_i = \lambda t_i, \quad \lambda = \frac{1}{\theta}, \quad i = 1, 2, \cdots, k
$$

若用 $\hat{R}_i$ 替代 $R_i$，产生误差 $\varepsilon_i$，则上式可改写为

$$
-\ln\hat{R}_i = \lambda t_i + \varepsilon_i, \quad i = 1, 2, \cdots, k
$$

令 $y_i = -\ln\hat{R}_i, i = 1, 2, \cdots, k$，则利用最小二乘法可得参数 $\lambda$ 的估计：

$$
\hat{\lambda} = \frac{\sum\limits_{i=1}^{k} y_i t_i}{\sum\limits_{i=1}^{k} t_i^2} \tag{4.35}
$$

进而可得到任意时刻 $t$ 的可靠度的估计为:

$$\hat{R}(t) = \mathrm{e}^{-\hat{\lambda}t}$$

### 4.2.4　算例分析

在某型发动机的可靠性试验中，获得的无失效数据[184]见表 4.3 的前 4 列，其中试验时间单位为秒，共 13 组 51 个数据，有关工程技术人员认为此型号发动机经过大量的试验结果无一失效，故认为其可靠度相当高，特别在寿命 $T$ 为 1000s 时，可靠度不会低于 0.95。设此型号发动机的寿命 $T$ 服从指数分布 (4.20)，由定理得到 $R_j(j=2,3,\cdots,13)$ 的 Bayes 估计 $\hat{R}_j(j=2,3,\cdots,13)$。

**表 4.3　无失效数据及 $R_j$ ($j=1$, 2, $\cdots$, 13) 的 Bayes 估计**

| $i$ | $t_i$ | $t_i^2$ | $S_i$ | $R_j$ | $y_i t_i$ |
|---|---|---|---|---|---|
| 1 | 100.10 | 10036.032 | 51 | 0.99034 | 0.9711 |
| 2 | 212.69 | 45237.036 | 48 | 0.9855 | 3.1174 |
| 3 | 325.20 | 105755.04 | 27 | 0.9807 | 6.3490 |
| 4 | 437.71 | 191590.044 | 25 | 0.9765 | 10.4276 |
| 5 | 550.22 | 302742.048 | 24 | 0.9727 | 15.2515 |
| 6 | 662.73 | 439211.053 | 21 | 0.9687 | 21.0651 |
| 7 | 775.24 | 600997.058 | 13 | 0.9630 | 29.2446 |
| 8 | 887.75 | 788100.063 | 12 | 0.9589 | 37.2522 |
| 9 | 1000.26 | 1000520.07 | 11 | 0.9548 | 46.2445 |
| 10 | 1112.77 | 1238257.07 | 7 | 0.9484 | 58.9035 |
| 11 | 1225.28 | 1501311.08 | 4 | 0.9418 | 73.4655 |
| 12 | 1337.79 | 1789682.08 | 3 | 0.9364 | 87.8905 |
| 13 | 1450.30 | 2102270.09 | 2 | 0.9307 | 104.1456 |
| Σ | | 10116808.76 | | | 494.3281 |

再由 $\lambda$ 的估计式 (4.35)，可得平均寿命 $\theta = \lambda^{-1}$ 的估计 $\hat{\theta} = \hat{\lambda}^{-1} =$ 20465.7775，由此可知此类产品的平均寿命很长，这也从另一方面反映出了试验会产生无失效数据的情况。

## 4.3 基于无失效数据的成败型试验产品可靠度的多层 Bayes 估计

随着制造技术的进步，某些产品寿命非常长，可靠性很高，历史失效数据很少，导致在这些情况下很难确定产品的寿命类型。还有些产品，虽然我们可以知道其寿命的分布类型，但是我们通过试验或者历史资料能够获得的也仅仅是失效的个数，而无法精确记录该产品的失效时间，这时可以借助非参数统计的方法来对可靠度进行估计[210]。

设某产品的寿命类型未知，现从该产品中随机抽取 $n$ 个样品进行定时截尾寿命试验，若在试验的截尾时间段内共有 $X$ 个样品失效，又假定产品的是否失效是相互独立的，则 $X$ 是一个服从二项分布的随机变量[211]，相应的分布律为：

$$P(X = r) = \binom{n}{r} R^{n-r}(1 - R)^r, \quad r = 0, 1, 2, \cdots, n \qquad (4.36)$$

其中 $R$ 通常称为产品的可靠度或合格品率（成功率）。这将研究产品可靠度的非参数估计问题转化为对二项分布（4.36）中参数 $R$ 的估计问题。

本节将分别在平方误差损失和对称熵损失函数下和可靠度的先验分布为负对数伽玛先验分布的假定下研究式（4.36）描述的产品可靠度的 Bayes 和多层 Bayes 估计问题。

### 4.3.1 基于增函数法的可靠度的先验分布的构造

在无失效数据情况下，韩明[202]提出了构造可靠度 $R$ 的先验分布的方法——增函数法。该方法的主要思想：在无失效数据情况下，选取可靠度 $R$ 的增函数作为 $R$ 的先验密度的核，这正符合在无失效数据下可靠度 $R$ 大的可能性大，而 $R$ 小的可能性小的要求。由文献［211］知，若总的试验次数 $n$ 较大，则说明该产品的可靠度大的可能性大，而小的可能性较小。于是如何选择较为合理的可靠度的先验分布成为关注的一个重点。

负对数伽玛分布作为一类重要的寿命分布，有一些很好的性质[212~214]：

它和贝塔分布一样，概率密度函数图像随着参数的改变，可以拟合区间（0，1）上的各种分布的概率密度函数曲线。

为此本节将选择它作为可靠度 $R$ 的先验分布，即 $R$ 的先验分布为负对数伽玛分布，相应的概率密度函数为：

$$\pi(R \mid \alpha, \beta) = \frac{\beta^\alpha}{\Gamma(\alpha)} R^{\beta-1}(-\ln R)^{\alpha-1}, \quad 0 < R < 1 \qquad (4.37)$$

式中，$\alpha, \beta > 0$ 为超参数。

图 4.1 所示为不同超参数取值时负对数伽玛分布概率密度函数曲线的变化情况。

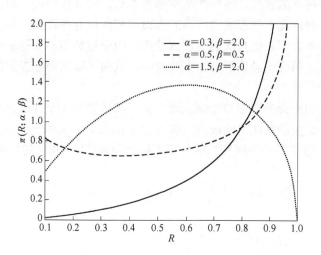

图 4.1　负对数伽玛分布的概率密度函数曲线

从图 4.1 可以看出，$\alpha$ 与 $\beta$ 取不同的值时，负对数伽玛分布的差异较大。对 $\pi(R;\alpha,\beta)$ 关于 $R$ 求导有：

$$\frac{\mathrm{d}\pi(R;a,b)}{\mathrm{d}R} = \frac{\beta^{\alpha}}{\Gamma(\alpha)} R^{\beta-2}(-\ln R)^{\alpha-2}[(\beta-1)(-\ln R)+(1-\alpha)]$$

显然上式在 $0<\alpha\leqslant1,\beta>1$ 时大于零，于是在 $0<\alpha\leqslant1,\beta>1$ 时，负对数伽玛分布的密度函数为 $R$ 的增函数，它符合 $R$ 大的可能性大，$R$ 小的可能性小的特点。

### 4.3.2　可靠度的 Bayes 估计

本节分别在平方误差损失和对称熵损失函数下研究基于无失效数据的可靠度的 Bayes 估计问题，对称熵损失函数的数学表达式如下：

$$L(R,\delta) = \frac{\delta}{R} + \frac{R}{\delta} - 2 \tag{4.38}$$

其中，$\delta$ 为可靠度 $R$ 的一个估计，且在对称熵损失函数（4.38）下，可靠度 $R$ 的 Bayes 估计为：

$$\hat{R}_B = \left[\frac{E(R\mid X)}{E(R^{-1}\mid X)}\right]^{1/2} \tag{4.39}$$

这里假定 Bayes 风险 $r(\delta) < +\infty$。

**定理 4.3** 对于二项分布（4.36），在无失效数据情况下，若可靠度 $R$ 的先验分布为负对数伽玛分布，先验密度由式（4.37）给出，其中 $0 < \alpha \leq 1, \beta > 1$ 为超参数，则：

（1）在平方误差损失下，$R$ 的 Bayes 估计为：

$$\hat{R}_{BS}(\alpha, \beta) = \left(\frac{n+\beta}{n+\beta+1}\right)^{\alpha}$$

（2）在对称熵损失函数（4.38）下，$R$ 的 Bayes 估计为：

$$\hat{R}_{BE}(\alpha, \beta) = \left(\frac{n+\beta}{n+\beta+1}\right)^{\alpha}$$

**证明**  在无失效数据情况下，$R$ 的似然函数为：

$$L(0 \mid R) = R^{n} \tag{4.40}$$

则根据 Bayes 定理，可靠度 $R$ 的后验概率密度函数为：

$$
\begin{aligned}
h(R \mid 0) &= \frac{\pi(R)L(0 \mid R)}{\int_0^1 \pi(R)L(0 \mid R)\mathrm{d}R} \\
&= \frac{\dfrac{\beta^{\alpha}}{\Gamma(\alpha)}R^{\beta-1}(-\ln R)^{\alpha-1} \cdot R^{n}}{\int_0^1 \dfrac{\beta^{\alpha}}{\Gamma(\alpha)}R^{\beta-1}(-\ln R)^{\alpha-1} \cdot R^{n}\mathrm{d}R} \\
&= \frac{R^{n+\beta-1}(-\ln R)^{\alpha-1}}{\int_0^1 R^{n+\beta-1}(-\ln R)^{\alpha-1}\mathrm{d}R} \\
&= \frac{(n+\beta)^{\alpha}}{\Gamma(\alpha)}R^{n+\beta-1}(-\ln R)^{\alpha-1}
\end{aligned}
$$

可得：

$$
\begin{aligned}
E(R \mid 0) &= \int_0^1 Rh(R \mid 0)\mathrm{d}R \\
&= \frac{(n+\beta)^{\alpha}}{\Gamma(\alpha)} \cdot \frac{\Gamma(\alpha)}{(n+\beta+1)^{\alpha}} \\
&= \left(\frac{n+\beta}{n+\beta+1}\right)^{\alpha}
\end{aligned}
$$

$$E(R^{-1} \mid 0) = \int_0^1 R^{-1} h(R \mid 0) \, dR$$

$$= \frac{(n+\beta)^{\alpha}}{\Gamma(\alpha)} \cdot \frac{\Gamma(\alpha)}{(n+\beta-1)^{\alpha}}$$

$$= \left( \frac{n+\beta}{n+\beta-1} \right)^{\alpha}$$

于是，在平方误差损失函数下，$R$ 的 Bayes 估计为后验期望，即：

$$\hat{R}_{\text{BS}}(\alpha,\beta) = E(R \mid 0) = \left( \frac{n+\beta}{n+\beta+1} \right)^{\alpha}$$

根据式 (4.39)，在对称熵损失函数下，$R$ 的 Bayes 估计为：

$$\hat{R}_{\text{BE}}(\alpha,\beta) = \left[ \frac{E(R \mid X)}{E(R^{-1} \mid X)} \right]^{1/2} = \left( \sqrt{\frac{n+\beta-1}{n+\beta+1}} \right)^{\alpha}$$

### 4.3.3  可靠度的多层 Bayes 估计

由于在先验分布 $\pi(R;\alpha,\beta)$ 中，$\alpha$ 与 $\beta$ 取不同的值时，概率密度函数图像变化较大，但在 $0 < \alpha \leq 1, \beta > 1$ 时，负对数伽玛分布的密度函数为 $R$ 的增函数，它符合无失效数据下可靠度的先验分布的基本要求：可靠度 $R$ 大的可能性大，可靠度 $R$ 小的可能性小。这样我们可以确定超参数 $\alpha$ 与 $\beta$ 的范围为 $0 < \alpha \leq 1, \beta > 1$，并进一步假定 $\alpha$ 与 $\beta$ 为随机变量，满足如下条件：

$$\pi(\alpha) = U(0,1), \quad \pi(\beta) = U(1,c), \quad c \text{ 为常数} \tag{4.41}$$

**定理 4.4**  对二项分布 (4.36)，在无失效数据情况下，若可靠度 $R$ 的先验分布为负对数伽玛分布 (4.37)，其中 $0 < \alpha \leq 1, \beta > 1$ 为超参数，$0 < R < 1$，$\pi(\alpha) = U(0,1), \pi(\beta) = U(1,c), c$ 为常数。则：

（1）在平方误差损失函数下，可靠度 $R$ 的多层 Bayes 估计为：

$$\hat{R}_{\text{HBS}} = \frac{G(n+1,c)}{G(n,c)} \tag{4.42}$$

（2）在对称熵损失函数 (4.38) 下，可靠度 $R$ 的多层 Bayes 估计为：

$$\hat{R}_{\mathrm{HB}} = \left[ \frac{G(n+1,c)}{G(n-1,c)} \right]^{1/2} \tag{4.43}$$

其中:

$$G(x,c) = \int_1^c \frac{1}{\ln\beta - \ln(x+\beta)} \cdot \frac{x}{x+\beta} \mathrm{d}\beta \tag{4.44}$$

**证明**　在二项分布 (4.36) 中, 若可靠度 $R$ 的先验分布为负对数伽玛分布, 概率密度函数为:

$$\pi(R/a,b) = \frac{\beta^{\alpha}}{\Gamma(\alpha)} R^{\beta-1}(-\ln R)^{\alpha-1}$$

其中, $0 < \alpha \leq 1, \beta > 1$ 为超参数, $0 < R < 1, \pi(\alpha) = U(0,1), \pi(\beta) = U(1,c), c$ 为常数, 则 $R$ 的多层先验分布为:

$$\begin{aligned} \pi(R) &= \int_1^c \int_0^1 \pi(R/\alpha,\beta)\pi(\alpha)\pi(\beta)\mathrm{d}\alpha\mathrm{d}\beta \\ &= \frac{1}{c-1}\int_1^c \int_0^1 \left[ \frac{\beta^{\alpha}}{\Gamma(\alpha)}R^{\beta-1}(-\ln R)^{\alpha-1} \right]\mathrm{d}\alpha\mathrm{d}\beta \end{aligned}$$

$R$ 的后验分布为:

$$\begin{aligned} H(R\,|\,0) &= \frac{\dfrac{1}{c-1}\int_1^c \int_0^1 \dfrac{\beta^{\alpha}}{\Gamma(\alpha)}R^{\beta-1}(-\ln R)^{\alpha-1}\mathrm{d}\alpha\mathrm{d}\beta \cdot R^n}{\dfrac{1}{c-1}\int_1^c \int_0^1 \left[ \int_0^1 \dfrac{\beta^{\alpha}}{\Gamma(\alpha)}R^{\beta-1}(-\ln R)^{\alpha-1} \cdot R^n \mathrm{d}R \right]\mathrm{d}\alpha\mathrm{d}\beta} \\[2mm] &= \frac{\int_1^c \int_0^1 \dfrac{\beta^{\alpha}}{\Gamma(\alpha)}R^{n+\beta-1}(-\ln R)^{\alpha-1}\mathrm{d}\alpha\mathrm{d}\beta}{\int_1^c \int_0^1 \left\{ \dfrac{\beta^{\alpha}}{\Gamma(\alpha)}\left[ \int_0^1 R^{n+\beta-1}(-\ln R)^{\alpha-1}\mathrm{d}R \right] \right\}\mathrm{d}\alpha\mathrm{d}\beta} \\[2mm] &= \frac{\int_1^c \int_0^1 \dfrac{\beta^{\alpha}}{\Gamma(\alpha)}R^{n+\beta-1}(-\ln R)^{\alpha-1}\mathrm{d}\alpha\mathrm{d}\beta}{\int_1^c \int_0^1 \left( \dfrac{\beta}{n+\beta} \right)^{\alpha}\mathrm{d}\alpha\mathrm{d}\beta} \\[2mm] &= \frac{\int_1^c \int_0^1 \dfrac{\beta^{\alpha}}{\Gamma(\alpha)}R^{n+\beta-1}(-\ln R)^{\alpha-1}\mathrm{d}\alpha\mathrm{d}\beta}{G(n,c)} \end{aligned}$$

其中：

$$G(x,c) = \int_1^c \int_0^1 \left(\frac{\beta}{x+\beta}\right)^\alpha d\alpha d\beta$$

$$= \int_1^c \left[\int_0^1 \left(\frac{\beta}{x+\beta}\right)^\alpha d\alpha\right] d\beta$$

$$= \int_1^c \left[\frac{1}{\ln\left(\frac{\beta}{x+\beta}\right)} \cdot \left(\frac{\beta}{x+\beta}\right)^\alpha\right]_0^1 d\beta$$

$$= \int_1^c \frac{1}{\ln\beta - \ln(x+\beta)} \cdot \frac{-x}{x+\beta} d\beta$$

则：

$$E(R\,|\,0) = \frac{\int_0^1 R \cdot \left[\int_1^c \int_0^1 \frac{\beta^\alpha}{\Gamma(\alpha)} R^{n+\beta-1}(-\ln R)^{\alpha-1} d\alpha d\beta\right] dR}{G(n,c)}$$

$$= \frac{G(n+1,c)}{G(n,c)}$$

$$E(R^{-1}\,|\,0) = \frac{\int_0^1 R^{-1} \cdot \left[\int_1^c \int_0^1 \frac{\beta^\alpha}{\Gamma(\alpha)} R^{n+\beta-1}(-\ln R)^{\alpha-1} d\alpha d\beta\right] dR}{G(n,c)}$$

$$= \frac{G(n-1,c)}{G(n,c)}$$

于是：

（1）在平方损失函数下，可靠度 $R$ 的多层 Bayes 估计为：

$$\hat{R}_{HBS} = E(R\,|\,0) = \frac{G(n+1,c)}{G(n,c)}$$

（2）在对称熵损失函数（4.38）下，可靠度 $R$ 的多层 Bayes 估计为：

$$\hat{R}_{HBE} = \left[\frac{E(R\,|\,X)}{E(R^{-1}\,|\,X)}\right]^{1/2} = \left[\frac{G(n+1,c)}{G(n-1,c)}\right]^{1/2}$$

### 4.3.4　算例分析

对某型号引信分三批分别进行试验，三批试验的样品数分别为 $n=15, n=27, n=100$ 时，结果所有样品均无失效[215]。

从表4.4~表4.6可以看出，对不同的 $c$（$c=2$，3，4，5，6），两类损失函数下得到的 Bayes 估计的极差都很小，并且相差也很小，因此本节所提出的可靠度的多层 Bayes 估计是稳健的。

表4.4　可靠度估计的计算结果（$n=15$）

| $c$ | 2 | 3 | 4 | 5 | 6 | 极差 |
|---|---|---|---|---|---|---|
| $\hat{R}_{HBS}$ | 0.981670 | 0.981318 | 0.981185 | 0.981183 | 0.981263 | 0.000487 |
| $\hat{R}_{HBE}$ | 0.980985 | 0.980642 | 0.980525 | 0.980543 | 0.980644 | 0.000460 |

表4.5　可靠度估计的计算结果（$n=27$）

| $c$ | 2 | 3 | 4 | 5 | 6 | 极差 |
|---|---|---|---|---|---|---|
| $\hat{R}_{HBS}$ | 0.990302 | 0.989967 | 0.989748 | 0.989604 | 0.989512 | 0.000790 |
| $\hat{R}_{HBE}$ | 0.990095 | 0.989757 | 0.989537 | 0.989394 | 0.989303 | 0.000692 |

表4.6　可靠度估计的计算结果（$n=100$）

| $c$ | 2 | 3 | 4 | 5 | 6 | 极差 |
|---|---|---|---|---|---|---|
| $\hat{R}_{HBS}$ | 0.997827 | 0.997726 | 0.997644 | 0.997578 | 0.997522 | 0.000305 |
| $\hat{R}_{HBE}$ | 0.997815 | 0.997712 | 0.997631 | 0.997564 | 0.997507 | 0.000308 |

## 4.4　基于记录值样本的指数分布参数的 Bayes 估计统计推断

### 4.4.1　记录值简介

记录值是刻画随机变量序列变化趋势的一个重要的数值[216]，其定义最早由 Chandler 于1952年提出，随后 Dziubdziela 和 Kopocinski（1976）将其推广定义了 $K$ – 记录值。设 $\{X_n, n \geq 1\}$ 是一个随机变量序列，如果 $X_j > \max\{X_1, X_2, \cdots, X_{j-1}\}$，则称 $X_j$ 是该序列的一个记录值。例如：如果 $\{X_n, n \geq 1\}$ 是历年的粮食总产量，则记录值就是创下的历史上的最高产量值；如果 $\{X_n, n \geq 1\}$ 是历年的长江最高水位，则记录值就是历史上的最高洪水水位值；如果 $\{X_n, n \geq 1\}$ 是股市的逐日交易值，则记录值就是创下的最大交易额的数值。

记录值已被广泛应用到诸如气候学、水文学、地震、遗传学、保险精算、机械工程以及体育事件等诸多领域。例如在保险业中，通常假定索赔额序列是服从某个重尾分布的正值独立同分布的随机变量序列，根据破产理论，导致保险公司破产的往往是那些以小概率发生的大额索赔，因此，大额索赔的发生规律是破产理论的重要研究内容之一，其中包括对记录值分布规律的研究；在气象学中研究降雨（雪）量，我们可以由到目前为止所得到的测量值（记录值）来预测未来的降雨（雪）量等。因此研究记录值的变化趋势以及统计推断理论，对于国民经济的发展具有重要意义。

对记录值的研究，引起了很多学者的兴趣，已有很多文献基于记录值进行统计推断，但大多是在经典统计理论框架下进行研究的。Houchens（1984）指出对于一个样本容量为 $n$ 的独立同分布随机样本，最多可以得到 $\log n$ 个记录值，于是记录值样本个数变少很多，而对于小子样总体而言，Bayes 方法是一个很好的选择。最近基于记录值模型参数的 Bayes 估计问题引起了很多学者的兴趣。但大多数 Bayes 推断程序都是在平方损失函数下讨论，在估计可靠性及失效率函数时，高估通常会比低估带来的后果更严重，在这种情况下使用对称损失函数可能是不合实际的。针对此，选取合适的非对称损失函数是很有必要的。已经有一部分文献在 LINEX 损失函数下研究记录值模型参数的统计推断理论，然而熵损失函数及 Podder（2004）提出的修正的线性指数（MLINEX）损失函数也是比较常用的非对称损失函数，虽已有很多学者将他们应用到模型的统计研究，但基于记录值的 Bayes 统计推断还未见研究，所以有必要将这部分理论推广到记录值模型，丰富 Bayes 统计推断理论。

Ali 等[217]研究了基于记录值的 Gumbel 模型参数的 Bayes 估计、预测和相关性质；Jaheen[218]研究了基于记录值样本 Gompertz 模型参数的 Bayes 估计问题；Ahmadi 和 Doostparast[219]研究了基于记录值样本的几类常见分布模型的 Bayes 估计和预测问题；Asgharzadeh[220]在平方损失函数下研究了基于记录值的指数分布参数的 Bayes 估计并讨论了估计可容许性估计等问题。

本节将基于记录值样本在对称熵损失函数下，研究指数分布未知参数 $\theta$ 的 Bayes 估计和一类线性形式估计 $cX_{U(n)} + d$ 的可容许性。

### 4.4.2　基于记录值的指数分布参数的经典估计

**定义 4.1**[216]　设 $\{X_n, n \geq 1\}$ 是一个随机变量序列，对于任意的 $n \geq 1$，定义：

$$U(1) = 1, U(n+1) = \min\{j : j > U(n), X_j > X_{U(n)}\} \tag{4.45}$$

则 $\{X_{U(n)}\}$ 称为该序列的一个记录值。

本节所考虑的指数分布的概率密度函数为：

$$f(x; \theta) = \frac{1}{\theta} e^{-\frac{1}{\theta}x}, \quad x > 0 \tag{4.46}$$

其中 $\theta > 0$ 为未知参数。

假设观察到来自指数分布（4.46）的 $n$ 个上记录值为 $X_{U(1)} = x_1, X_{U(2)} = x_2,$ $\cdots, X_{U(n)} = x_n$，记 $x = (x_1, x_2, \cdots, x_n)$，由文献 [216] 有：

（1）$X_{U(1)}, X_{U(2)}, \cdots, X_{U(n)}$ 的联合密度函数为：

$$f(x; \theta) = \theta^{-n} e^{-\frac{x_n}{\theta}} \tag{4.47}$$

（2）$X_{U(n)}$ 的边缘密度函数为：

$$f_n(x_n; \theta) = \frac{1}{\theta^n \Gamma(n)} x_n^{n-1} e^{-\frac{x_n}{\theta}} \tag{4.48}$$

且有 $\theta$ 的极大似然估计为：

$$\hat{\theta}_{MLE} = \frac{X_{U(n)}}{n} \tag{4.49}$$

和

$$E(\hat{\theta}_{MLE}) = \theta, \operatorname{Var}(\hat{\theta}_{MLE}) = \frac{\theta^2}{n} \tag{4.50}$$

设 $\delta$ 为 $\theta$ 的一个估计，Bayes 风险 $r(\delta) < +\infty$，则对称熵损失函数定义为 [221]：

$$L(\theta, \delta) = \frac{\delta}{\theta} + \frac{\theta}{\delta} - 2 \tag{4.51}$$

在对称熵损失函数下，$\theta$ 的 Bayes 估计为：

$$\hat{\delta}_B = [E(\theta \mid X) / E(\theta^{-1} \mid X)]^{1/2} \tag{4.52}$$

并且解是唯一的。

考虑到统计判决问题中的分布模型（4.46）和对称熵损失函数（4.51）在变换群 $G = \{g_c : g_c(x) = cx, c > 0\}$ 下都具有不变性，我们将在下面定理中证明 $\theta$ 的最小风险同变估计（MRE）的数学表达式。

**定理 4.5** 设 $X = (X_{U(1)}, \cdots, X_{U(n)})$ 具有概率密度函数形式（4.47），记 $Z = (Z_1, Z_2, \cdots, Z_n), Z_i = \dfrac{X_{U(i)}}{X_{U(n)}} (i = 1, 2, \cdots, n)$，在对称熵损失函数（4.51）和变换群 $G$ 下，设 $\theta$ 的同变估计量 $\delta_0(X) = X_{U(n)}$ 的风险有限，那么：

（1）$\theta$ 的 MRE 估计为：

$$\delta^*(X) = \delta_0(X) [E_1(\delta_0^{-1}(X) \mid Z) / E_1(\delta_0(X) \mid Z)]^{1/2} \tag{4.53}$$

而且在几乎处处相等的意义下是唯一的（这里 $E_1$ 表示 $\theta = 1$ 时的数学期望）。

（2）$\delta^*(X)$ 的精确表达形式为：

$$\delta^*(X) = \frac{X_{U(n)}}{\sqrt{n(n-1)}} \tag{4.54}$$

**证明**　设 $\delta(X) = \delta(X_{U(1)}, X_{U(2)}, \cdots, X_{U(n)})$ 为 $\theta$ 在群 $G$ 下的任一同变估计量，则有：

$$\delta(X) = \delta_0(X) H(Z)$$

其中

$$H(Z) = \frac{\delta\left( \dfrac{X_{U(1)}}{X_{U(n)}}, \dfrac{X_{U(2)}}{X_{U(n)}}, \cdots, \dfrac{X_{U(n-1)}}{X_{U(n)}}, 1 \right)}{\delta_0\left( \dfrac{X_{U(1)}}{X_{U(n)}}, \dfrac{X_{U(2)}}{X_{U(n)}}, \cdots, \dfrac{X_{U(n-1)}}{X_{U(n)}}, 1 \right)}$$

设同变估计量在 $\theta = 1$ 下的均方有限，不失一般性，可先设 $E_1 \delta_0^2(X) < \infty$，易证 $\dfrac{\delta_0(X)}{\theta}$ 及 $H(Z)$ 的分布与 $\theta$ 无关，故 $\delta(X)$ 对应的风险函数为：

$$
\begin{aligned}
R(\theta, \delta(X)) &= E_\theta[L(\theta, \delta(X))] \\
&= n E_\theta\left[ \frac{\delta_0(X) H(Z)}{\theta} + \frac{\theta}{\delta_0(X) H(Z)} - 2 \right] \\
&= n E_1[\delta_0(X) H(Z) + \delta_0^{-1}(X) H^{-1}(Z) - 2] \\
&= n E\{ E_1[\delta_0(X) H(Z) + \delta_0^{-1}(X) H^{-1}(Z) - 2 \mid Z] \} \\
&= n E[H(Z) E_1(\delta_0(X) \mid Z) + H^{-1}(Z) E_1(\delta_0^{-1}(X) \mid Z) - 2]
\end{aligned}
$$

令：

$$f(x) = x E_1(\delta_0(X) \mid Z) + x^{-1} E_1(\delta_0^{-1}(X) \mid Z) - 2$$

则：

$$f'(x) = 2x^{-3} E_1(\delta_0^{-1}(X) \mid Z) > 0$$

令:

$$f'(x) = E_1(\delta_0(X) \mid Z) - x^{-2} E_1(\delta_0^{-1}(X) \mid Z) = 0$$

解得:

$$x = H(Z) = \left[ \frac{E_1(\delta_0^{-1}(X) \mid Z)}{E_1(\delta_0(X) \mid Z)} \right]^{1/2} \tag{4.55}$$

于是当 $x = H(Z)$ 时,$R(\theta, \delta(X))$ 有最小值,从而参数 $\theta$ 的最小风险同变估计为:

$$\delta^*(X) = \delta_0(X) \left[ E_1(\delta_0^{-1}(X) \mid Z) / E_1(\delta_0(X) \mid Z) \right]^{1/2}$$

下面求 $\delta^*(X)$ 的精确表达形式。

取估计量 $\delta_0(X) = X_{U(n)}$,首先证明 $\delta_0(X)$ 与 $Z$ 独立。

令 $Y = \left( \dfrac{X_{U(1)}}{X_{U(n)}}, \dfrac{X_{U(2)}}{X_{U(n)}}, \cdots, \dfrac{X_{U(n-1)}}{X_{U(n)}}, X_{U(n)} \right)$,即 $Y = (Z_1, Z_2, \cdots, Z_{r-1}, \delta_0) = (Z, \delta_0(X))$,则由式(4.47)得 $Y$ 的概率密度函数为:

$$f(y; \theta) = \frac{1}{\theta^n} \delta_0^{n-1} e^{-\frac{\delta_0}{\theta}} \tag{4.56}$$

于是 $\delta_0(X)$ 与 $Z$ 独立。且由式(4.48)知:

$$E_1(\delta_0(X) \mid Z) = E_1 \delta_0(X) = E_1 X_{U(n)} = n$$

$$E_1(\delta_0^{-1}(X) \mid Z) = E_1 \delta_0^{-1}(X) = E_1 \frac{1}{X_{U(n)}} = \frac{1}{n-1}$$

从而 $\theta$ 的最小风险同变估计的精确表达形式为:

$$\delta^*(X) = \delta_0(X) \left[ E_1(\delta_0^{-1}(X) \mid Z) / E_1(\delta_0(X) \mid Z) \right]^{1/2} = \frac{X_{U(n)}}{\sqrt{n(n-1)}}$$

**引理 4.3**[222] 设 $X \sim f(x; \theta)$,$\theta \in \Theta$,$\Theta$ 为参数空间,$\theta$ 的先验分布为 $\pi(\theta)$,统计判决问题的损失函数为 $L(\theta, \delta)$,那么:

(1)如果 $L(\theta, \delta)$ 关于估计量 $\delta$ 为严凸函数,那么该统计判决问题的 Bayes 解几乎处处唯一。

(2)如果 $\theta$ 的 Bayes 估计是唯一的,那么它是容许估计量。

### 4.4.3  参数 Bayes 估计

**定理 4.6**  设 $X = (X_{U(1)}, \cdots, X_{U(n)})$ 为来自指数分布 (4.47) 的一个上记录值样本，参数 $\theta$ 的先验分布为倒伽玛分布 $I\Gamma(\alpha, \beta)$，则在对称熵损失函数 (4.51) 下，参数 $\theta$ 的可容许的 Bayes 估计为：

$$\hat{\delta}_B = \frac{\beta + X_{U(n)}}{\sqrt{(n + \alpha)(n + \alpha - 1)}} \tag{4.57}$$

**证明**  设参数 $\theta$ 的共轭先验分布为倒伽玛分布 $I\Gamma(\alpha, \beta)$，即其概率密度函数为：

$$\pi(\theta; \alpha, \beta) = \frac{\beta^{\alpha}}{\Gamma(\alpha)} \theta^{-(\alpha+1)} e^{-\frac{\beta}{\theta}}, \quad \theta > 0, \alpha, \beta > 0 \tag{4.58}$$

易证：

$$\theta \mid X \sim I\Gamma(\alpha + r, \beta + X_{U(n)}) \tag{4.59}$$

则：

$$E(\theta \mid X) = \frac{\beta + X_{U(n)}}{n + \alpha - 1}$$

$$E(\theta^{-1} \mid X) = \frac{n + \alpha}{\beta + X_{U(n)}}$$

于是由式 (4.52) 有：

$$\hat{\delta}_B = \left[ \frac{E(\theta \mid X)}{E(\theta^{-1} \mid X)} \right]^{1/2} = \left[ \frac{\beta + X_{U(n)}}{n + \alpha - 1} \Big/ \frac{n + \alpha}{\beta + X_{U(n)}} \right]^{1/2} = \frac{\beta + X_{U(n)}}{\sqrt{(n + \alpha)(n + \alpha - 1)}}$$

亦即：

$$\hat{\delta}_B = \frac{1}{\sqrt{(n + \alpha)(n + \alpha - 1)}} X_{U(n)} + \frac{\beta}{\sqrt{(n + \alpha)(n + \alpha - 1)}} \tag{4.60}$$

又由于损失函数 (4.51) 关于 $\delta$ 是严凸函数，于是由引理 4.3 知，它是容许的。

**注 4.3**  在定理 4.6 的条件下，且当 $\alpha$ 已知，$\beta$ 未知时，可以应用经验 Bayes 方法给出它的估计。通过直接运算得样本 $X = (X_{U(1)}, \cdots, X_{U(n)})$ 的边缘概率密度为：

$$m(x \mid \beta) = \int_0^\infty f(x \mid \theta) \pi(\theta \mid \beta) \mathrm{d}\theta$$

$$= \int_0^\infty \theta^{-n} \mathrm{e}^{-\frac{x_n}{\theta}} \cdot \frac{\beta^\alpha}{\Gamma(\alpha)} \theta^{-(\alpha+1)} \mathrm{e}^{-\frac{\beta}{\theta}} \mathrm{d}\theta$$

$$= \frac{\beta^\alpha}{\Gamma(\alpha)} \frac{\Gamma(n+\alpha)}{(\beta + x_n)^{n+\alpha}} \tag{4.61}$$

则由式（4.61），超参数 $\beta$ 的极大似然估计为：

$$\hat{\beta} = \frac{\alpha}{n} X_{U(n)} \tag{4.62}$$

将式（4.62）代入到 $\theta$ 的 Bayes 估计（4.57）中，得到参数 $\theta$ 的经验 Bayes 估计为：

$$\hat{\delta}_{\mathrm{EB}} = \frac{\hat{\beta} + X_{U(n)}}{\sqrt{(n+\alpha)(n+\alpha-1)}} = \frac{\frac{\alpha}{n} X_{U(n)} + X_{U(n)}}{\sqrt{(n+\alpha)(n+\alpha-1)}}$$

$$= \frac{n+\alpha}{n \sqrt{(n+\alpha)(n+\alpha-1)}} X_{U(n)} \tag{4.63}$$

### 4.4.4 线性形式估计量的可容许性

由前面的讨论知，在适当的倒伽玛先验分布下，参数 $\theta$ 的最小风险同变估计量、Bayes 估计以及经验 Bayes 估计都具有形式 $cX_{U(n)} + d$，而形如 $cX_{U(n)} + d$ 的这一类估计的可容许性与常数 $c$ 和 $d$ 的取值有关。下面分别对 $c$ 和 $d$ 的不同取值讨论 $cX_{U(n)} + d$ 形式估计量的可容许性。以下令 $c^* = \dfrac{1}{\sqrt{n(n-1)}}$，且 $n > 1$。

**定理 4.7** 当 $0 \leqslant c < c^*, d > 0$ 时，估计量 $cX_{U(n)} + d$ 是可容许的。

**证明** 前面已证在对称熵损失函数（4.51）下，$\theta$ 有唯一的 Bayes 解：

$$\hat{\delta}_{\mathrm{B}} = \frac{1}{\sqrt{(n+\alpha)(n+\alpha-1)}} X_{U(n)} + \frac{\beta}{\sqrt{(n+\alpha)(n+\alpha-1)}} \tag{4.64}$$

而此时参数 $\theta$ 先验概率密度函数为：

$$\pi(\theta; \alpha, \beta) = \frac{\beta^\alpha}{\Gamma(\alpha)} \theta^{-(\alpha+1)} \mathrm{e}^{-\frac{\beta}{\theta}}, \quad \theta > 0, \alpha, \beta > 0$$

则当 $0 < c < c^{*}, d > 0$ 时，若令：

$$c = \frac{1}{\sqrt{(n+\alpha)(n+\alpha-1)}}, \quad d = \frac{\beta}{\sqrt{(n+\alpha)(n+\alpha-1)}} \tag{4.65}$$

一定存在 $\alpha > 0, \beta > 0$。事实上只需取：

$$\alpha = \frac{1 - 2n + \sqrt{1 + \dfrac{4}{c^2}}}{2}, \quad \beta = \frac{d}{c}$$

就可以使式（4.65）成立。由于在定理 4.6 已经证明了式（4.65）表示的 Bayes 估计是可容许的，故估计量 $cX_{U(n)} + d$ 是可容许的。下面考虑 $c = 0, d > 0$ 情形的可容许性。

当 $c = 0, d > 0$ 时，由于估计量为常值 $d$，若此时估计量是不可容许的，那么一定存在某估计量 $\delta_1(X)$ 好于 $d$，即满足：

$$0 \leqslant R(\theta, \delta_1(X)) \leqslant R(\theta, d)$$

对某些 $\theta$ 的取值，不等号严格成立。

当 $\delta = d$ 时，有：

$$0 \leqslant R(d, \delta_1(X)) \leqslant R(d, d) = 0$$

即：

$$R(d, \delta_1(X)) = 0$$

由于损失函数是非负的，于是有 $L(d, \delta_1(X)) = 0$，且等号几乎处处成立，即几乎处处有 $\delta_1(X) = d$。从而当 $c = 0, d > 0$ 时，估计量 $cX_{U(n)} + d$ 是可容许的。

**定理 4.8**　若下列条件之一成立，估计量 $cX_{U(n)} + d$ 是不可容许的.

（1）$c < 0$ 或 $d < 0$；

（2）$0 < c < c^{*}, d = 0$；

（3）$c > c^{*}, d > 0$。

**证明**　若（1）成立，估计 $cX_{U(n)} + d$ 取负值具有正概率，因此估计 $\max\{0, cX_{U(n)} + d\}$ 比 $cX_{U(n)} + d$ 好。

在（2）的条件下，

$$R(\theta, cX_{U(n)}) = E\left[\frac{cX_{U(n)}}{\theta} + \frac{\theta}{cX_{U(n)}} - 2\right]$$

$$= \frac{c}{\theta}EX_{U(n)} + \frac{\theta}{c}E\left(\frac{1}{X_{U(n)}}\right) - 2$$

$$= nc + \frac{1}{c(n-1)} - 2$$

从而有：

$$\frac{\partial}{\partial c}R(\theta, cX_{U(n)}) = n - \frac{1}{c^2}\frac{1}{n-1} < 0$$

从而当 $0 < c < c^* = \dfrac{1}{\sqrt{n(n-1)}}$ 时，$R(\theta, cX_{U(n)})$ 关于 $c$ 是单调递减的，故当 $c = c^*$，$d = 0$ 时，风险 $R(\theta, c^*X_{U(n)})$ 是最小的，因此 $c^*X_{U(n)}$ 比 $cX_{U(n)}$ 好。

若（3）成立，估计 $\delta^* = c^*X_{U(n)} + \dfrac{c^*}{c}d$ 好于 $\delta = cX_{U(n)} + d$。

事实上，

$$R(\theta, \delta) - R(\theta, \delta^*) = E\left[\frac{cX_{U(n)} + d}{\theta} + \frac{\theta}{cX_{U(n)} + d} - \frac{c^*X_{U(n)} + \frac{c^*}{c}d}{\theta} - \frac{\theta}{c^*X_{U(n)} + \frac{c^*}{c}d}\right]$$

$$= (c - c^*)\left[\frac{1}{c\theta}E(cX_{U(n)} + d) - \frac{\theta}{c^*}E\frac{1}{cX_{U(n)} + d}\right]$$

$$\geqslant (c - c^*)\left[\frac{1}{c\theta}E(cX_{U(n)}) - \frac{\theta}{c^*}E\frac{1}{cX_{U(n)}}\right]$$

$$= (c - c^*)\left[n - \frac{1}{c^*c(n-1)}\right] \geqslant (c - c^*)\left[n - \frac{1}{c^{*2}(n-1)}\right]$$

$$= (c - c^*)\left[n - n(n-1)\frac{1}{(n-1)}\right] = 0$$

综上，定理得证。

## 4.5 本章小结

本章在三种类型的不完全样本数据下分别研究了比率危险率模型、指数分布和二项分布模型参数的 Bayes 估计问题。本章的主要工作和创新有：

（1）在逐步递增的 Ⅱ 型截尾样本下研究了比率危险率模型参数的 Bayes 估计问题，并提出了 Bayes 收缩估计法。新估计方法可以较好地利用专家经验和知识，更好地改善估计的结果。

（2）基于无失效数据，基于平方误差损失函数，发展了基于指数分布无记忆性特性的可靠度先验分布确定方法，使先验分布的确定更具合理性。利用负对数伽玛分布可以拟合（0，1）区间上任意分布的良好性质，结合增函数先验分布构造法，构造了可靠度的新的先验分布，在此基础上导出了一类简单的多层 Bayes 估计，有效地避开了现有的研究此类问题得出的多层 Bayes 估计要计算繁杂的多重积分的缺憾。

（3）基于记录值样本在对称熵损失函数下探讨了指数分布参数的最小风险同变估计、Bayes 估计，并在适当条件下考察了一类线性估计的可容许性，以进一步丰富和发展对称熵损失函数在记录值统计理论中的应用。

# 5  基于模糊数据信息的可靠性分布模型参数的 Bayes 统计推断研究

模糊理论发展至今已接近 30 余年，应用的范围非常广泛，从人工智能到决策分析都可以发现模糊理论研究的踪迹与成果。在绝大多数的工程系统中，重要的信息来源有两种：一种是来自传感器的数据信息，可以用精确数或者用区间数等模糊数表示。另一种来自专家的知识经验信息，例如前面提到的某项癌症手术后的病人存活的年限"大约为 10 年"，某元件的寿命大约为"1800 ~ 2000h"等，这时采用模糊数可以更好地刻画这种经验信息。经典统计是处理数据信息的重要工具之一，但不能处理模糊数信息，这使得经典的统计在现实应用中受到极大限制。

近 10 年来模糊统计推断理论得到了很多学者的关注和研究。如 Hesamian 和 Shams[223] 研究了模糊随机变量情形的指数分布参数的假设检验问题。Adjenugh-wure 和 Papadopoulos[224] 提出了一种新的基于模糊估计的隶属度函数。这个隶属函数完全依赖于众所周知的统计参数，如均值、标准差和置信区间，因此参数更容易选择；这个隶属函数的另一个优点是它适合于显示随机性和模糊性的系统；此外，与其他隶属函数的参数不同，在对特定应用程序进行参数调整和优化的情况下，该隶属函数的最终参数可以有有用的统计解释，并能更好地理解系统。Akbari 等[225] 基于随机模糊数据，提出了回归系数的 Bootstrap 点估计和区间估计方法。Parchami 等[226] 在样本数据为模糊数情形下，提出了基于 $P$ – 值的参数假设检验方法。汤胜道和殷世茂[227] 讨论了正态分布参数的模糊 Bayes 点估计问题。更多的关于模糊统计推断的研究与应用可参考文献[228 ~ 231]。

本章 5.1 节将针对含有三角模糊数的指数分布模型参数的估计问题，提出一种基于刻度误差损失函数的模型参数的模糊 Bayes 估计方法。本章 5.2 节将模糊数学理论与 Bayes 统计相结合，提出了基于参数的先验分布为 Quasi 先验分布情形的指数分布模型参数的序贯模糊 Bayes 检验方法。

## 5.1  刻度误差损失函数下含有模糊数的指数分布模型参数的 Bayes 估计

### 5.1.1  模糊 Bayes 估计方法的理论基础

首先介绍 Zadeh 模糊集的概念。

**定义 5.1**  设 $X$ 为一个非空集合，称 $F = \{\langle x, \mu_F(x) \rangle \mid x \in X\}$ 为模糊集，这

里 $\mu_F : X \rightarrow [0, 1]$ 表示模糊集的隶属函数，其中 $\mu_F(x)$ 称为元素 $x \in X$ 的隶属度。一个模糊集 $\tilde{A}$ 的 $\alpha$ – 截集定义为 $\tilde{A}_\alpha = \{x \mid \mu_{\tilde{A}}(x) \geqslant \alpha\}$。

**定义 5.2**　设 $\tilde{a}$ 是 **R** 上的模糊子集，称 $\tilde{a}$ 为模糊实数，若满足下列条件：

（1）$\tilde{a}$ 是正规凸模糊子集；

（2）$\tilde{a}$ 的隶属函数是上半连续的；

（3）0 – 截集 $\tilde{a}_0$ 在 **R** 上有界；

（4）$l$ – 截集 $\tilde{a}_1$ 为单元素集合，即 $\tilde{a}_1^L = \tilde{a}_1^U$；

（5）对 $\forall \alpha \in [0,1]$，截集相应的函数 $g(\alpha) = \tilde{a}_\alpha^L$ 和 $h(\alpha) = \tilde{a}_\alpha^U$ 都是连续的。

**引理 5.1**　模糊集合 $\tilde{a}$ 称为实数系统 **R** 上的凸模糊子集，当且仅当 $\tilde{a}$ 的任意 $\alpha$ – 截集都是实数集 **R** 上的一个凸集合。

由定义 5.2 和引理 5.1 易知，$\tilde{a}$ 的任意 $\alpha$ – 截集对应于区间 $[\tilde{a}_\alpha^L, \tilde{a}_\alpha^U]$。

**引理 5.2**（Resolution Identity）　令 $\tilde{a}$ 为 **R** 上的模糊子集，且有隶属函数 $\xi_{\tilde{a}}(x)$，则：

$$\xi_{\tilde{a}}(x) = \sup_{\alpha \in [0,1]} \alpha \cdot I_{\tilde{a}}(x)$$

其中，$I_{\tilde{a}}(x) = \begin{cases} 1, & x \in \tilde{a}_\alpha \\ 0, & x \notin \tilde{a}_\alpha \end{cases}$ 为 $\tilde{a}_\alpha$ 的特征函数。

**定义 5.3**　令 $\tilde{X} : \Omega \rightarrow F_R$ 是模糊值函数，若 $\tilde{X}$ 可测，那么 $\tilde{X}$ 是一个模糊随机变量，其中 $F_R$ 为全体模糊实数集。

**引理 5.3**　令 $\tilde{X} : \Omega \rightarrow F_R$ 是模糊值函数，$\tilde{X}$ 是一个模糊随机变量，当且仅当对任意的 $\alpha \in [0,1]$，$\tilde{X}_\alpha^L$ 和 $\tilde{X}_\alpha^U$ 都是普通的随机变量。

设 $\tilde{X}$ 为模糊随机变量，其概率密度函数 $f(\tilde{x}; \tilde{\theta})$ 的形式已知，参数向量 $\tilde{\theta} = (\tilde{\theta}_1, \tilde{\theta}_2, \cdots, \tilde{\theta}_l)$ 未知。其中参数 $\tilde{\theta}_i$ 为模糊实数，相应的隶属函数分别为 $\xi_{\tilde{\theta}_i} : \Theta_i \rightarrow [0,1]$，$i = 1, 2, \cdots, l$。由定义 5.2，对 $\forall \alpha \in [0,1]$，$(\tilde{\theta}_i)_\alpha^L$ 和 $(\tilde{\theta}_i)_\alpha^U$ 都属于 $\Theta_i$；由此可讨论对 $\forall \alpha \in [0,1]$ 和 $(\tilde{\theta}_i)_\alpha^L$ 和 $(\tilde{\theta}_i)_\alpha^U$ 的点估计问题。

由定义 5.2 及引理 5.3，对 $\forall \alpha \in [0,1]$，$\tilde{\theta}_\alpha^L$ 和 $\tilde{\theta}_\alpha^U$ 为相对应的随机变量 $\tilde{X}_\alpha^L$ 和 $\tilde{X}_\alpha^U$ 的参数，假定 $\tilde{\theta}_\alpha^L$ 和 $\tilde{\theta}_\alpha^U$ 相应的先验分布中参数为 $(\tilde{\mu}_1)_\alpha^L, \cdots, (\tilde{\mu}_m)_\alpha^L$ 和 $(\tilde{\mu}_1)_\alpha^U$，$\cdots, (\tilde{\mu}_m)_\alpha^U$，其中 $\tilde{\mu}_1, \cdots, \tilde{\mu}_m$ 为已知模糊实数，$\tilde{\theta}_\alpha^L$ 和 $\tilde{\theta}_\alpha^U$ 连续，对 $\forall \alpha \in [0,1]$，区间 $[\tilde{\theta}_\alpha^L, \tilde{\theta}_\alpha^U]$ 连续收缩，于是，对 $\forall \theta \in [\tilde{\theta}_\alpha^L, \tilde{\theta}_\alpha^U]$，可找到 $\beta \geqslant \alpha$，使得 $\theta = \tilde{\theta}_\alpha^L$ 或 $\theta = \tilde{\theta}_\alpha^U$，即找到 $\theta$ 的一个 Bayes 点估计。

令：

$$A_\alpha = \left[ \min \left\{ \inf_{\alpha \leqslant \beta \leqslant 1} \hat{\tilde{\theta}}_\beta^L, \ \inf_{\alpha \leqslant \beta \leqslant 1} \hat{\tilde{\theta}}_\beta^U \right\}, \max \left\{ \sup_{\alpha \leqslant \beta \leqslant 1} \hat{\tilde{\theta}}_\beta^L, \ \sup_{\alpha \leqslant \beta \leqslant 1} \hat{\tilde{\theta}}_\beta^U \right\} \right] \tag{5.1}$$

显然，对 $\forall \theta \in [\tilde{\theta}_\alpha^L, \tilde{\theta}_\alpha^U]$，$A_\alpha$ 包含了所有的 Bayes 点估计。再由引理 5.2 可得到参数 $\tilde{\theta}$ 的 Bayes 点估计 $\hat{\tilde{\theta}}$ 相对应的隶属度函数：

$$\xi_{\hat{\tilde{\theta}}}(\theta) = \sup_{0 \leqslant \alpha \leqslant 1} \alpha \cdot I_{A_\alpha}(\theta) \tag{5.2}$$

### 5.1.2　刻度误差平方损失下指数分布参数的模糊 Bayes 估计

本节将在刻度误差平方损失函数[6]：

$$L(\hat{\theta}, \theta) = \frac{(\theta - \hat{\theta})^2}{\theta^k} \tag{5.3}$$

下讨论指数分布参数的 Bayes 估计问题，其中 $k$ 为非负整数，且易知 $L(\hat{\theta}, \theta)$ 损失函数（5.3）关于 $\theta$ 的估计量 $\hat{\theta}$ 是严格凸的，故在损失函数（5.3）下，参数 $\theta$ 的唯一的 Bayes 估计为：

$$\hat{\theta}_B = \frac{E(\theta^{1-k} \mid X)}{E(\theta^{-k} \mid X)} \tag{5.4}$$

**定理 5.1**　设总体 $X$ 服从指数分布：

$$f(x_i; \theta) = \theta e^{-\theta x}, \quad x > 0 \tag{5.5}$$

$X_1, X_2, \cdots, X_n$ 为来自总体 $X$ 的一个简单随机样本，$x_1, x_2, \cdots, x_n$ 为 $X_1, X_2, \cdots, X_n$ 的样本观察值，$t = \sum_{i=1}^{n} x_i$ 为 $T = \sum_{i=1}^{n} X_i$ 的样本观测值，设参数 $\theta$ 的先验分布为共轭伽玛先验分布 $\Gamma(a, b)$，则在刻度误差平方损失函数下，参数 $\theta$ 的 Bayes 估计为：

$$\hat{\theta} = \frac{n + a - k}{b + T} \tag{5.6}$$

**证明**　给定样本观测值 $x = (x_1, x_2, \cdots, x_n)$，得到参数 $\theta$ 的似然函数：

$$l(\theta; x) = \prod_{i=1}^{n} f(x_i; \theta) = \theta^n \prod_{i=1}^{n} e^{-t\theta} \tag{5.7}$$

则求解对数似然方程易得 $\theta$ 的最大似然估计为：

$$\hat{\theta} = \frac{n}{T} \tag{5.8}$$

由 Bayes 定理，易得参数 $\theta$ 的后验概率密度函数为：

$$
\begin{aligned}
h(\theta \mid x) &\propto l(\theta;x) \cdot \pi(\theta) \\
&\propto \theta^n \mathrm{e}^{-\theta t} \cdot \frac{b^a}{\Gamma(a)} \theta^{a-1} \mathrm{e}^{-b\theta} \\
&\propto \theta^{n+a-1} \mathrm{e}^{-(b+t)\theta}
\end{aligned}
\tag{5.9}
$$

由式（5.9）知，$\theta$ 的后验分布为伽玛分布 $\Gamma(n+a, b+T)$，即：

$$
h(\theta \mid x) = \frac{(b+t)^{n+a}}{\Gamma(n+a)} \theta^{(n+a)-1} \mathrm{e}^{-(b+t)\theta}
\tag{5.10}
$$

则有：

$$
\begin{aligned}
E(\theta^{1-k} \mid X) &= \int_0^\infty \theta^{1-k} h(\theta \mid X) \mathrm{d}\theta \\
&= \int_0^\infty \theta^{1-k} \frac{(b+T)^{n+a}}{\Gamma(n+a)} \theta^{(n+a)-1} \mathrm{e}^{-(b+T)\theta} \mathrm{d}\theta \\
&= \frac{(b+T)^{n+a}}{\Gamma(n+a)} \cdot \frac{\Gamma(n+a+1-k)}{(b+T)^{n+a+1-k}}
\end{aligned}
\tag{5.11}
$$

$$
\begin{aligned}
E(\theta^{-k} \mid X) &= \int_0^\infty \theta^{-k} h(\theta \mid X) \mathrm{d}\theta \\
&= \int_0^\infty \theta^{-k} \frac{(b+T)^{n+a}}{\Gamma(n+a)} \theta^{(n+a)-1} \mathrm{e}^{-(b+T)\theta} \mathrm{d}\theta \\
&= \frac{(b+T)^{n+a}}{\Gamma(n+a)} \cdot \frac{\Gamma(n+a-k)}{(b+T)^{n+a-k}}
\end{aligned}
\tag{5.12}
$$

从而有：

$$
\begin{aligned}
\hat{\theta} &= \frac{E(\theta^{1-k} \mid X)}{E(\theta^{-k} \mid X)} \\
&= \frac{\Gamma(n+a+1-k)}{(b+T)^{n+a+1-k}} \bigg/ \frac{\Gamma(n+a-k)}{(b+T)^{n+a-k}} \\
&= \frac{n+a-k}{b+T}
\end{aligned}
$$

本节假设参数 $\theta$ 为模糊实数 $\tilde{\theta}$，其先验分布中的参数 $a$ 和 $b$，假定模糊实数 $\tilde{a}_\alpha = [\tilde{a}_\alpha^L,\ \tilde{a}_\alpha^U]$ 和 $\tilde{b}_\alpha = [\tilde{b}_\alpha^L,\ \tilde{b}_\alpha^U]$，则对 $\forall \alpha \in [0, 1]$，有：

$$
\hat{\theta}_\alpha^L = \frac{n + \tilde{a}_\alpha^L - k}{\tilde{b}_\alpha^U + T}, \qquad \hat{\theta}_\alpha^U = \frac{n + \tilde{a}_\alpha^U - k}{\tilde{b}_\alpha^L + T}
\tag{5.13}
$$

本节提供一些计算技术来计算模糊 Bayes 点估计的隶属度函数。

令:

$$A_\alpha = [g(\alpha), h(\alpha)] = [\min\{g_1(\alpha), g_2(\alpha)\}, \max\{h_1(\alpha), h_2(\alpha)\}] \quad (5.14)$$

其中:

$$g_1(\alpha) = \inf_{\alpha \leqslant \beta \leqslant 1} \hat{\tilde{\theta}}_\beta^L, \quad g_2(\alpha) = \inf_{\alpha \leqslant \beta \leqslant 1} \hat{\tilde{\theta}}_\beta^U, \quad h_1(\alpha) = \sup_{\alpha \leqslant \beta \leqslant 1} \hat{\tilde{\theta}}_\beta^L, \quad h_2(\alpha) \sup_{\alpha \leqslant \beta \leqslant 1} \hat{\tilde{\theta}}_\beta^U$$

$$(5.15)$$

由引理 5.2 可得到参数 $\tilde{\theta}$ 的 Bayes 点估计 $\hat{\tilde{\theta}}$ 相对应的隶属度函数:

$$\xi_{\hat{\tilde{\theta}}}(\theta) = \sup_{0 \leqslant \alpha \leqslant 1} \alpha \cdot I_{A_\alpha}(\theta) = \sup\{\alpha \mid g(\alpha) \leqslant \theta \leqslant h(\alpha), 0 \leqslant \alpha \leqslant 1\} \quad (5.16)$$

则可以建立如下的优化模型:

$$\max \alpha$$
$$\text{s. t.} \begin{cases} \min\{g_1(\alpha), g_2(\alpha)\} \leqslant \theta \\ \max\{h_1(\alpha), h_2(\alpha)\} \geqslant \theta \\ 0 \leqslant \alpha \leqslant 1 \end{cases} \quad (5.17)$$

通过求解该模型,就可以利用引理 5.2 求得参数 $\theta$ 的 Bayes 估计的隶属度函数。

### 5.1.3 算例分析

假设有 5 个元件在一个工厂进行测试,观察试验总时间是可以得到的。然而,由于一些意想不到的情况,得到的总的测试时间大约是 160000h,即 $\tilde{t}_5 = 160000$。考虑到先验伽玛分布,超参数 $a$、$b$ 可以认为是伪故障和伪测试时间。从过去的测试和经验来看,10 个元件被放置在测试中,观察到的测试时间是"大约" 30 万小时后,10 个元件全部失效。因此,先验分布中取 $a = 10$,$\tilde{b} = 300000_F$。假设:

$\tilde{t}_5 = 160000_F = (150000, 160000, 170000)$ 和 $\tilde{b} = (280000, 300000, 320000)$ 是两个三角形模糊实数。因此它们的 $\alpha$ - 截集分别为:

$$\tilde{t}_5 = [(\tilde{t}_5)_\alpha^L, (\tilde{t}_5)_\alpha^U] = [150000 + 10000\alpha, 170000 - 10000\alpha]$$

$$\tilde{b} = [(\tilde{b})_\alpha^L, (\tilde{b})_\alpha^U] = [280000 + 20000\alpha, 320000 - 20000\alpha]$$

根据方程（5.13），在刻度误差损失函数（5.3）（$k=1$）下，参数 $\theta$ 的 Bayes 点估计值为：

$$\hat{\theta}_\alpha^{\mathrm{L}} = \frac{5+10}{280000+20000\alpha+150000+10000\alpha} = \frac{15}{430000+30000\alpha}$$

$$\hat{\theta}_\alpha^{\mathrm{U}} = \frac{5+10}{320000-20000\alpha+170000-10000\alpha} = \frac{15}{490000-30000\alpha}$$

则根据式（5.13）~ 式（5.15），有：

$$A_\alpha = \left[\hat{\theta}_\alpha^{\mathrm{U}}, \hat{\theta}_\alpha^{\mathrm{L}}\right] = \left[\frac{15}{490000-30000\alpha}, \frac{15}{430000+30000\alpha}\right] \tag{5.18}$$

则模型（5.17）变为：

$$\begin{aligned} &\max\alpha \\ &\text{s. t.} \begin{cases} \dfrac{15}{490000-30000\alpha} \leq r \\[2mm] \dfrac{15}{430000+30000\alpha} \geq r \\[2mm] 0 \leq \alpha \leq 1 \end{cases} \end{aligned} \tag{5.19}$$

如果取 $\alpha=0$，那么能够得到非模糊情形参数的 Bayes 估计 $\hat{\theta} = \dfrac{15}{460000}$。既然 $A_0 = \left[\dfrac{15}{430000}, \dfrac{15}{490000}\right]$，就可认为失效率 $\theta \in A_0$ 是符合工程实际的，于是模型（5.18）求解隶属函数变成了如下两种情形：

（1）当 $\theta < \dfrac{15}{460000}$ 时，有：

$$\xi_{\hat{\theta}}(\theta) = \sup\left\{\alpha \in [0,1]: \hat{\theta}_\alpha^{\mathrm{U}} = \frac{15}{490000-30000\alpha} \leq \theta\right\} = \frac{490000\theta-15}{30000\theta} \tag{5.20}$$

（2）当 $\theta > \dfrac{15}{460000}$ 时，有：

$$\xi_{\hat{\theta}}(\theta) = \sup\left\{\alpha \in [0,1]: \hat{\theta}_\alpha^{\mathrm{U}} = \frac{15}{430000+30000\alpha} \geq \theta\right\} = \frac{15-430000\theta}{30000\theta} \tag{5.21}$$

因此，根据上述模型可以得到失效率参数 $\theta$ 的任意 Bayes 点估计的隶属度函数。同时根据式（5.17）也可以得到参数 $\theta$ 的 $\alpha$ - 截集，即 $\alpha$ - 水平区间 $A_\alpha$。如

$A_\alpha = [3.2503 \times 10^{-5}, 3.2714 \times 10^{-5}]$，在这种情形下，类似于经典统计置信区间的定义，可以说参数 $\theta$ 的置信水平为 0.95 的置信区间 $A_\alpha = [3.2503 \times 10^{-5}, 3.2714 \times 10^{-5}]$。

## 5.2 基于模糊假设的指数分布模型参数的序贯 Bayes 假设检验

### 5.2.1 模糊假设检验的预备知识

设 $P = \{p_\theta : \theta \in \Theta\}$ 是定义在样本空间 $(\mathcal{X}, B)$ 上的可控测度族，$\Theta$ 是参数空间。设 $\tilde{\Theta}_0$ 和 $\tilde{\Theta}_1$ 为以 $\Theta$ 为论域的两个模糊子集，它们的隶属度函数分别为 $H_0(\theta)$ 和 $H_1(\theta)$，则常称假设：

$$H_0 : \theta \in \tilde{\Theta}_0 \leftrightarrow H_1 : \theta \in \tilde{\Theta}_1 \tag{5.22}$$

为模糊假设，简记为 $(H_0, H_1)$。本节中假定隶属度函数 $H_0(\theta)$ 和 $H_1(\theta)$ 是已知的，第一类错误的概率 $\alpha$ 和第二类错误的概率 $\beta$ 为事先给定的。

设 $A = \{a_0, a_1\}$ 为行动空间，其中 $a_1$ 表示接受 $H_1$ 的行动。我们要解决的问题是：设 $X = (X_1, X_2, \cdots, X_n)$ 为来自分布 $f(x \mid \theta)$ 的容量为 $n$ 的简单随机样本，$x = (x_1, x_2, \cdots, x_n)$ 为 $X$ 的样本观测值，其中 $\theta \in \Theta$ 为未知参数，其先验分布密度为 $\pi(\theta)$，现对假设 $(H_0, H_1)$ 做出判决，即选择行动空间 $A = \{a_0, a_1\}$ 中的一个行动。

使后验风险 $E[L(\theta, \delta(X)) \mid X]$ 达到最小的决策称为后验风险准则下的最优决策函数。这种检验方法就是 Bayes 检验。

**引理 5.4** 对于模糊假设 $(H_0, H_1)$，Bayes 检验法则为：

若

$$\int_\Theta \pi(\theta \mid x) H_0(\theta) \mathrm{d}\theta > \int_\Theta \pi(\theta \mid x) H_1(\theta) \mathrm{d}\theta \tag{5.23}$$

则接受 $H_0$，否则接受 $H_1$。

### 5.2.2 模糊假设的序贯 Bayes 检验方法

当 $\int_\Theta \pi(\theta \mid x) H_0(\theta) \mathrm{d}\theta \approx \int_\Theta \pi(\theta \mid x) H_1(\theta) \mathrm{d}\theta$ 时，根据引理 5.1 很难做出适合的决策，需要再次抽取样本，继续进行试验。相对于固定样本量的统计试验方法，序贯概率比检验可以大大减少试验次数，特别是对于高成本试验；且在实际操作过程，工程师最关心的不是假设的精确正确，只要近似正确就可以，因为抽样本身也具有不确定性。因而很自然提出基于模糊假设的序贯 Bayes 检验方法，检验方法如下[232]：

考虑模糊假设$(H_0, H_1)$，第 $n$ 次实验结束时，获得来自总体$f(x \mid \theta)$一组样本 $X = (X_1, \cdots, X_n)$，$\theta$ 是未知参数，其先验分布 $\pi(\theta)$ 已知，则：

$$O_n = \frac{\int_\Theta \pi(\theta \mid x) H_1(\theta) \, \mathrm{d}\theta}{\int_\Theta \pi(\theta \mid x) H_0(\theta) \, \mathrm{d}\theta} \tag{5.24}$$

其中，$H_0(\theta)$、$H_1(\theta)$ 分别是假设 $H_0$ 和 $H_1$ 的隶属函数。引入常数 $A$、$B$，当 $O_n \leqslant A$ 时，接受 $H_0$；当 $O_n \geqslant B$ 时，接受 $H_1$；当 $A < O_n < B$ 时，继续试验。

### 5.2.2.1  常数 $A$、$B$ 的确定

**定理 5.2**  对于模糊假设$(H_0, H_1)$的序贯 Bayes 检验问题，当第一类错误的概率 $\alpha$ 和第二类错误的概率 $\beta$ 已知时，该决策问题中的常数 $A$、$B$ 可采用如下方法确定：

$$A = \frac{P(H_1) \cdot \beta}{P(H_0) \cdot (1 - \alpha)}; \quad B = \frac{P(H_1) \cdot (1 - \beta)}{P(H_0) \cdot \alpha} \tag{5.25}$$

其中，$P(H_0) = \int_{\Theta_0} \pi(\theta) H_0(\theta) \, \mathrm{d}\theta, P(H_1) = \int_{\Theta_1} \pi(\theta) H_1(\theta) \, \mathrm{d}\theta$。

**证明**  记 $Z_0$ 为接受 $H_0$ 时样本空间$(\mathcal{X}, B)$的值域，$Z_1$ 为接受 $H_1$ 时样本空间 $(\mathcal{X}, B)$ 的值域。即：

$$Z_0 = \{ x = (x_1, \cdots, x_n) : A < O_i < B, i = 1, \cdots, n-1, O_n \leqslant A \}$$
$$Z_1 = \{ x = (x_1, \cdots, x_n) : A < O_i < B, i = 1, \cdots, n-1, O_n \geqslant B \}$$

当 $O_n \leqslant A$ 时，接受 $H_0$，即：

$$\int_{\Theta_1} \pi(\theta) H_1(\theta) \, \mathrm{d}\theta \leqslant A \int_{\Theta_0} \pi(\theta) H_0(\theta) \, \mathrm{d}\theta$$

两边对 $X$ 在 $Z_0$ 上积分，则：

$$\int_{Z_0} \int_{\Theta_1} \pi(\theta) H_1(\theta) \, \mathrm{d}\theta \mathrm{d}X \leqslant A \int_{Z_0} \int_{\Theta_0} \pi(\theta) H_0(\theta) \, \mathrm{d}\theta \mathrm{d}X$$

即：

$$P(H_1 \mid Z_0) \leqslant A P(H_0 \mid Z_0)$$

故：

$$A \geqslant \frac{P(H_1 \mid Z_0)}{P(H_0 \mid Z_0)}$$

又因为：

$$P(H_1 \mid Z_0) = \frac{P(H_1) \cdot P(Z_0 \mid H_1)}{P(H_1) \cdot P(Z_0 \mid H_1) + P(H_0) \cdot P(Z_0 \mid H_0)}$$

$$= \frac{P(H_1) \cdot \beta}{P(H_1) \cdot \beta + P(H_0) \cdot (1 - \alpha)}$$

故：

$$A \geqslant \frac{P(H_1 \mid Z_0)}{P(H_0 \mid Z_0)} = \frac{P(H_1) \cdot \beta}{P(H_1) \cdot \beta + P(H_0) \cdot (1 - \alpha)} \Big/$$

$$\Big[ 1 - \frac{P(H_1) \cdot \beta}{P(H_1) \cdot \beta + P(H_0) \cdot (1 - \alpha)} \Big]$$

即：

$$A \geqslant \frac{P(H_1) \cdot \beta}{P(H_0) \cdot (1 - \alpha)}$$

根据 A. Wald 的统计决策思想，取：

$$A = \frac{P(H_1) \cdot \beta}{P(H_0) \cdot (1 - \alpha)}$$

同理当 $O_n \geqslant B$ 时，有：

$$B \leqslant \frac{P(H_1 \mid Z_1)}{P(H_0 \mid Z_1)}$$

又因为：

$$P(H_0 \mid Z_1) = \frac{P(H_0) \cdot P(Z_1 \mid H_0)}{P(H_0) \cdot P(Z_1 \mid H_0) + P(H_1) \cdot P(Z_1 \mid H_1)}$$

$$= \frac{P(H_0) \cdot \alpha}{P(H_0) \cdot \alpha + P(H_1) \cdot (1 - \beta)}$$

故：

$$B \leqslant \frac{P(H_1 \mid Z_1)}{P(H_0 \mid Z_1)} = \Big[ 1 - \frac{P(H_0) \cdot \alpha}{P(H_0) \cdot \alpha + P(H_1) \cdot (1-\beta)} \Big] \Big/ $$

$$\frac{P(H_0) \cdot \alpha}{P(H_0) \cdot \alpha + P(H_1) \cdot (1-\beta)}$$

即：

$$B \leqslant \frac{P(H_1) \cdot (1-\beta)}{P(H_0) \cdot \alpha}$$

根据 A. Wald 统计决策思想，取：

$$B = \frac{P(H_1) \cdot (1-\beta)}{P(H_0) \cdot \alpha}$$

其中，$P(H_0) = \int_{\Theta_0} \pi(\theta) H_0(\theta) \mathrm{d}\theta, P(H_1) = \int_{\Theta_1} \pi(\theta) H_1(\theta) \mathrm{d}\theta$。

### 5.2.2.2　平均次数的近似计算

记 $N$ 为试验次数，且易得：

$$E(N) = \sum_{n=1}^{\infty} \Big[ n(1 - P\{A < O_n < B\}) \prod_{i=1}^{n-1} P\{A < O_i < B\} \Big] + 1 \quad (5.26)$$

当假设 $H_i$ 是真时，有：

$$E_{H_i}(N) = \sum_{n=1}^{\infty} \Big[ n(1 - P\{A < O_n < B \mid \theta \in H_i(\theta)\})$$

$$\prod_{i=1}^{n-1} P\{A < O_i < B \mid \theta \in H_i(\theta)\} \Big] + 1 \quad (5.27)$$

接下来利用随机模糊模拟方法可以计算 $P\{A < O_n < B \mid \theta \in H_i(\theta)\}$ ($n = 1, 2, \cdots$)。

当 $H_i(\theta)$ ($i = 0, 1$) 为真时，先给出 $P\{A < O_n < B\}$ ($n = 1, 2, \cdots$) 的近似计算方法：

**步骤 1**　从 $\Theta$ 中利用随机数生成器均匀产生 $\theta_k \in \Theta$，使得 $H_i(\theta_k) \geqslant \varepsilon$ ($k = 1, \cdots, N$)，其中 $\varepsilon$ 为充分小的正数，并记 $vv(k) = H_i(\theta_k)$。

**步骤 2** 利用随机模拟估计 $P_k = P\{A < O_n < B\}$。

**步骤 3** 对 $vv\ (k)$，$P_k$ 重新排序，使得 $P_1 \leqslant P_2 \leqslant \cdots \leqslant P_N$。

**步骤 4** 计算 $w(k) = 0.5 \left( \max\limits_{k \leqslant j \leqslant N} vv(k) - \max\limits_{k+1 \leqslant j \leqslant N+1} vv(k) \right) + 0.5 \left( \max\limits_{1 \leqslant j \leqslant k} vv(k) - \max\limits_{0 \leqslant j \leqslant k-1} vv(k) \right)$，其中 $vv(0) = vv(N+1) = 0$。

**步骤 5** 计算 $\sum\limits_{i=1}^{N} P_k w(k)$ 即为所要求的概率 $P\{A < O_n < B \mid \theta \in H_i(\theta)\}$ $(n = 1, 2, \cdots)$，进而可以得到 $E_{H_i}(N)$。

**推论 5.1** 对于指数分布 $f(x; \theta) = \theta^{-1} \exp(-x/\theta)$，$x > 0$，$\theta > 0$，设参数 $\theta$ 先验分布是 Quasi 先验（3.4），考虑模糊假设 $(H_0, H_1)$，其中 $H_0(\theta)$ 和 $H_1(\theta)$ 为模糊隶属度，下面采用序贯模糊 Bayes 检验法进行判定，求解步骤如下：

（1）计算先验概率和后验概率：

$$P(H_0) = \int_{\Theta_0} \pi(\theta) H_0(\theta) \mathrm{d}\theta = \int_{\Theta_0} \theta^{-d} H_0(\theta) \mathrm{d}\theta \tag{5.28}$$

$$P(H_1) = \int_{\Theta_1} \pi(\theta) H_1(\theta) \mathrm{d}\theta = \int_{\Theta_1} \theta^{-d} H_1(\theta) \mathrm{d}\theta \tag{5.29}$$

由已知和 Bayes 公式，易证 $\theta$ 的后验分布为：

$$\pi(\theta \mid x) = \frac{t^{n+d-1}}{\Gamma(n+d-1)} \theta^{-(n+d)} \mathrm{e}^{-\frac{t}{\theta}}, t = \sum_{i=1}^{n} x_i$$

同理后验概率分别是：

$$P(H_0 \mid X) = \int_{\Theta} \pi(\theta \mid x) H_0(\theta) \mathrm{d}\theta = \int_{\Theta} \frac{t^{n+d-1}}{\Gamma(n+d-1)} \theta^{-(n+d)} \mathrm{e}^{-\frac{t}{\theta}} H_0(\theta) \mathrm{d}\theta$$

$$P(H_1 \mid X) = \int_{\Theta} \pi(\theta \mid x) H_1(\theta) \mathrm{d}\theta = \int_{\Theta} \frac{t^{n+d-1}}{\Gamma(n+d-1)} \theta^{-(n+d)} \mathrm{e}^{-\frac{t}{\theta}} H_1(\theta) \mathrm{d}\theta$$

从而：

$$O_n = P(H_1 \mid X) / P(H_0 \mid X) \tag{5.30}$$

当取 Quasi 先验时，把式（5.28）和式（5.29）代入式（5.25）计算常数 $A$、$B$，因此做完一次试验后，由式（5.29）计算 $O_n$，当 $O_n \leqslant A$ 时，接受 $H_0$；当 $O_n \geqslant B$，接受 $H_1$；当 $A < O_n < B$ 时，继续试验；从而做出决策。

下面给出近似计算平均试验次数的方法，当假设 $H_i(\theta)$ $(i = 0, 1)$ 为真时，先给出 $P\{A < O_n < B\}$ $(n = 1, 2, \cdots)$ 的近似计算方法。

**步骤1**　从 $\Theta_i$ 中均匀产生 $\theta_k$，使得 $H_i(\theta_k) \geqslant \varepsilon (k = 1, \cdots, N)$，其中 $\varepsilon$ 是充分小的正数，并记 $vv(k) = H_i(\theta_k)$。

**步骤2**　对于 $\theta_k, 2\theta_k^{-1} Y = 2\theta_k^{-1} \sum_{i=1}^{n} X_i \sim \chi^2_{(2n)}$，利用随机模拟估计 $P_k = P\{A < O_n < B\}$。

**步骤3**　对 $vv(k), P_k$ 重新排序，使得 $P_1 \leqslant P_2 \leqslant \cdots \leqslant P_N$。

**步骤4**　计算 $w(k) = 0.5 (\max_{k \leqslant j \leqslant N} vv(k) - \max_{k+1 \leqslant j \leqslant N+1} vv(k)) + 0.5 (\max_{1 \leqslant j \leqslant k} vv(k) - \max_{0 \leqslant j \leqslant k-1} vv(k))$，其中 $vv(0) = vv(N+1) = 0$。

**步骤5**　计算 $\sum_{k=1}^{N} P_k w(k)$ 即为所要求的概率 $P\{A < O_n < B \mid \theta \in H(\theta)\} (n = 1, 2, \cdots)$ 进而求出 $E_{H_i}(N)$。

**例5.1**　利用 Monte Carlo 统计模拟试验生成服从参数 $\theta = 5$ 的指数分布容量为 20 的一组样本，并将它们按照从小到大的顺序排列，用以假定某电子元器件的寿命，样本数据资料见表 5.1。

**表5.1　参数 $\theta = 5$ 的指数分布的指数随机样本数据**

| 数 据 资 料 | | | | | | | | | |
|---|---|---|---|---|---|---|---|---|---|
| 0.2383 | 0.5581 | 0.9705 | 1.3766 | 1.4807 | 1.5011 | 1.7641 | 1.9169 | 1.9303 | 2.0324 |
| 3.0728 | 3.3028 | 3.8473 | 7.7520 | 8.7146 | 9.0526 | 9.3673 | 11.2253 | 11.5875 | 16.5436 |

现检验假设：$H_0 : \theta$ 比 15 小，$H_1 : \theta$ 大约等于 15。相应的隶属度函数分别为：

$$H_0(\theta) = \begin{cases} 1, & 0 \leqslant \theta \leqslant 10 \\ \dfrac{15 - \theta}{5}, & 10 \leqslant \theta \leqslant 15 \\ 0, & \theta > 15 \end{cases}$$

$$H_1(\theta) = \begin{cases} \dfrac{\theta - 10}{5}, & 10 < \theta \leqslant 15 \\ \dfrac{20 - \theta}{5}, & 15 < \theta \leqslant 20 \\ 0, & 其他 \end{cases}$$

这里采用参数的 Quasi 先验分布，且设 $d = 2.0$。取两类错误的概率分别为 $\alpha = 0.1$ 和 $\beta = 0.1$，根据定理 5.1 和推论 5.1，可以计算得到 $A = 0.0551$，$B = 4.4521$。再分别计算后验概率比值。结果见表 5.2。

**表 5.2 Quasi 先验分布下的参数的后验概率比 $O_n$**

| Quasi 先验下的 $O_n$（$1.0 \times 10^{-3}$） | | | | | | | | | |
|---|---|---|---|---|---|---|---|---|---|
| $n$ | 1 | 2 | 3 | 4 | 5 | 6 | 7 | 8 | 9 | 10 |
| $O_n$ | 0.0932 | 0.0287 | 0.0126 | 0.0067 | 0.0029 | 0.0011 | 0.0005 | 0.0002 | 0.0001 | 0.0001 |
| $n$ | 11 | 12 | 13 | 14 | 15 | 16 | 17 | 18 | 19 | 20 |
| $O_n$ | 0.0000 | 0.0000 | 0.0000 | 0.0002 | 0.0010 | 0.0031 | 0.0081 | 0.0263 | 0.0778 | 0.5172 |

从表 5.2 可以看出，当先验分布是 Quasi 先验且 $n = 6$ 时，有 $O_n = 1.1069 \times 10^{-6} < A = 2.6177 \times 10^{-6}$。即只需获得 6 个抽样数据时可做出接受假设 $H_0$ 的结论，且通过大量模拟试验可知该检验结果受先验参数的选取的影响较小。

## 5.3 本章小结

本章考虑了分布模型参数的模糊 Bayes 估计和 Bayes 假设检验问题，分别发展了基于刻度误差损失函数的指数分布参数的模糊 Bayes 估计和基于 Quasi 先验分布的指数分布的参数模糊假设的序贯 Bayes 检验方法。本章的主要工作和创新在于：

（1）现有文献只在平方误差和 LINEX 损失函数下研究指数分布的模糊 Bayes 估计问题，本章在刻度误差损失函数下考虑了指数分布失效率参数的模糊 Bayes 估计问题，并求得了参数的 Bayes 估计和构建了求解 Bayes 估计隶属度的最优化模型。

（2）在 Quasi 先验分布下讨论了指数分布均值参数的序贯模糊 Bayes 假设检验方法，其优点是不但能够进行参数的假设检验，而且可以大大减少试验次数。

# 6　总结和展望

## 6.1　研究总结

本书分别从 Bayes 统计研究的三个方向入手，研究了基于完全样本、不完全样本和具有模糊信息的可靠性分布模型的 Bayes 统计推断问题。

（1）探讨完全样本情形下的几类可靠性分布（广义 Pareto 分布、艾拉姆咖分布、比例危险率模型和 Laplace 分布）模型参数的 Bayes 估计问题，以及逆 Rayleigh 分布参数的经验 Bayes 双侧检验和一类特殊的单参数指数分布族的经验 Bayes 估计问题。

（2）在不完全样本情形下研究了可靠性分布模型参数的 Bayes 统计推断问题。在逐步递增的 Ⅱ 型截尾样本下研究了比率危险率模型参数的 Bayes 估计问题，并提出了 Bayes 收缩估计法。在无失效数据下，分别研究了指数分布和二项分布参数的 Bayes 估计问题。在记录值样本下探讨了指数分布参数的最 Bayes 估计并在适当条件下考察了一类线性估计的可容许性。

（3）探讨指数分布模型参数的模糊 Bayes 估计和 Bayes 假设检验问题。在刻度误差损失函数下考虑了指数分布失效率参数的模糊 Bayes 估计问题，并求得了参数的 Bayes 估计和构建了求解 Bayes 估计隶属度的最优化模型，拓展了现有文献只在平方误差和 LINEX 损失函数下研究该问题的方法；并提出了基于 Quasi 先验分布的指数分布模型参数的序贯模糊 Bayes 假设检验方法。

## 6.2　研究展望

Bayes 统计推断的研究已经越来越向纵深方向发展，并被应用到各个领域，研究也拓展到了高维数据以及大数据分析和模糊决策等领域。本书第 5 章对模糊 Bayes 的研究还只是进行了初步的探索，随着模糊数在实际工程实践和理论关注程度的不断提高，将来基于直觉模糊数、中智模糊数等信息的模糊 Bayes 统计推断研究也将是 Bayes 统计推断研究的一个热点，同时基于一些复杂截尾数据和随机删失数据的 Bayes 统计推断研究还有很多值得关注的地方。

# 参 考 文 献

[1] 熊常伟, 张德然, 张怡. 熵损失函数下几何分布可靠度的 Bayes 估计 [J]. 数理统计与管理, 2008 (1): 82~86.

[2] 李凡群. 不同先验下 Pareto 分布参数的 Bayes 估计及其容许性 [J]. 统计与决策, 2009 (19): 152~153.

[3] Singh S, Tripathi Y M. Bayesian Estimation and Prediction for a Hybrid Censored Lognormal Distribution [J]. IEEE Transactions on Reliability, 2016, 65 (2): 782~795.

[4] Muscillo R, Schmid M, Conforto S, et al. An adaptive Kalman-based Bayes estimation technique to classify locomotor activities in young and elderly adults through accelerometers [J]. Medical Engineering & Physics, 2010, 32 (8): 849~859.

[5] Meshkanifarahani Z S, Esmaile Khorram. Bayesian statistical inference for weighted exponential distribution [J]. Communications in Statistics-Simulation and Computation, 2014, 43 (6): 1362~1384.

[6] Hwang L C, Lee C H. Bayes sequential estimation for a Poisson process under a LINEX loss function [J]. Statistics, 2013, 47 (4): 672~687.

[7] Yan W A, Shi Y M, Sun T Y, et al. Reliability estimations of generalized exponential distribution under entropy loss function [J]. Systems Engineering-Theory & Practice, 2011, 31 (9): 1763~1769.

[8] Ren H, Wang G. Bayes estimation of traffic intensity in M/M/1 queue under a precautionary loss function [J]. Procedia Engineering, 2012, 29: 3646~3650.

[9] Zellner A. Bayesian and Non-Bayesian estimation using balanced loss functions [M].// Berger J O, Gupta, S S, Eds. Statistical Decision Theory and Related Topics V. New York: Springer-Verlag, 1994: 377~390.

[10] 宋立新, 陈永胜, 许俊美. 刻度平方误差损失下 Poisson 分布参数的 Bayes 估计 [J]. 兰州理工大学学报, 2008, 34 (5): 152~154.

[11] 杜宇静, 孙晓祥, 尹江艳. p, q‐对称熵损失函数下指数分布的参数估计 [J]. 吉林大学学报: 理学版, 2007, 43 (5): 10~15.

[12] 李鹏波, 谢红卫, 张金槐. 考虑验前信息可信度时的 Bayes 估计 [J]. 国防科技大学学报, 2003, 25 (4): 107~110.

[13] 汤银才, 侯道燕. 三参数 Weibull 分布参数的 Bayes 估计 [J]. 系统科学与数学, 2009, 29 (1): 109~115.

[14] Ren H P, Chao S G. Bayesian reliability analysis of exponential distribution model under a new loss function [J]. International Journal of Performability Engineering, 2018, 14 (8): 1815~1823.

[15] Saleem M, Aslam M, Economou P. On the Bayesian analysis of the mixture of power function distribution using the complete and the censored sample [J]. Journal of Applied Statistics, 2010, 37 (1): 25~40.

[16] Williford W O, Janshan W. Bayesian estimation of the complete sample size from an incomplete

poisson sample [J]. Communications in Statistics, 2007, 11 (7): 835~846.

[17] 王琪, 兰海英. 复合 Rayleigh 分布模型尺度参数的 Bayes 估计 [J]. 科学技术与工程, 2012, 12 (30): 7980~7982.

[18] 任海平, 阳连武, 廖莉. 对数误差平方损失函数和 MLINEX 损失函数下一类分布族参数的 Minimax 估计 [J]. 江西师范大学学报 (自然科学版), 2009, 33 (3): 326~330.

[19] 师小琳. 逐步 Ⅱ 型截尾下表决系统可靠性指标的估计 [J]. 计算机工程与应用, 2009, 45 (18): 222~224.

[20] 王亮, 师义民. 逐步增加 Ⅱ 型截尾下比例危险率模型的可靠性分析 [J]. 数理统计与管理, 2011, 30 (2): 315~321.

[21] 蔡静, 师义民, 刘斌. 逐步 Ⅱ 型截尾下屏蔽数据 Burr Ⅻ 串联系统的可靠性分析 [J]. 数理统计与管理, 2015, 34 (5): 840~848.

[22] Seo J I, Kang S B, Kim Y. Robust Bayesian estimation of a bathtub-shaped distribution under progressive Type-Ⅱ censoring [J]. Communications in Statistics-Simulation and Computation, 2015, 46 (2): 1008~1023.

[23] Chacko M, Mohan R. Bayesian analysis of Weibull distribution based on progressive type-Ⅱ censored competing risks data with binomial removals [J]. Computational Statistics, 2019, 34 (1): 233~252.

[24] Seo J I, Kang S B. An objective Bayesian analysis of the two-parameter half-logistic distribution based on progressively type-Ⅱ censored samples [J]. Journal of Applied Statistics, 2018, 43 (12): 2172~2190.

[25] Renjini K R, Sathar E I A, Rajesh G. Bayes estimation of dynamic cumulative residual entropy for Pareto distribution under type-Ⅱ right censored data [J]. Applied Mathematical Modelling, 2016, 40 (19-20): 8424~8434.

[26] 韩明. 无失效数据可靠性进展 [J]. 数学进展, 2002, 31 (1): 7~19.

[27] Han M. Estimation of reliability derived from binomial distribution in zero-failure data [J]. Journal of Shanghai Jiaotong University, 2015, 20 (4), 454~457.

[28] 蔡忠义, 陈云翔, 项华春, 等. 基于无失效数据的加权 E-Bayes 可靠性评估方法 [J]. 系统工程与电子技术, 2015, 37 (1): 219~223.

[29] Xu T Q, Chen Y P. Two-sided M-Bayesian credible limits of reliability parameters in the case of zero-failure data for exponential distribution [J]. Applied Mathematical Modelling, 2014, 38 (9-10): 2586~2600.

[30] 赵海兵, 程依明. 指数分布场合下无失效数据的统计分析 [J]. 应用概率统计, 2016, 20 (1): 59~65.

[31] Ahsanullah, M. Record Values Theory and Applications [M]. Lanham: University Press of America, 2004.

[32] 胡治水, 苏淳, 王定成. 对数正态型分布纪录值之和的渐近分布 [J]. 中国科学 (A 辑), 2002, 32 (7): 603~612.

[33] 苏淳, 江涛, 唐启鹤. 两类记录值之和的中心极限定理 [J]. 数学物理学报, 2002, 22A (4): 512~517.

［34］ 王亮，师义民. 平衡损失函数下 Cox 模型的可靠性分析：记录值样本情形［J］. 工程数学学报，2011，28（6）：787~793.

［35］ 韩雪，张青楠. 基于低记录值的Ⅰ型 GLD 的统计推断［J］. 数理统计与管理，2018，37（2）：264~271.

［36］ 王琪，黄文宜. 基于记录值的 GE 分布参数的 Bayes 和经验 Bayes 估计［J］. 重庆师范大学学报（自然科学版），2013，30（4）：55~58.

［37］ 王亮，师义民，常萍. 记录值样本下 Burr Ⅻ模型的 Bayes 可靠性分析［J］. 火力与指挥控制，2012，37（8）：31~34.

［38］ Nadar M, Kizilaslan F. Classical and Bayesian estimation of P（X < Y）using upper record values from Kumaraswamy's distribution［J］. Statistical Papers, 2014, 55（3）: 751~783.

［39］ Solimana A A. Bayesian inference using record values from Rayleigh model with application［J］. European Journal of Operational Research, 2008, 185（2）: 659~672.

［40］ Salem A, Salah A, Ibrahim M, et al. Study of factors influencing productivity of hauling equipment in earthmoving projects using fuzzy set theory［J］. Organometallics, 2017, 14（7）: 3516~3526.

［41］ Pask F, Lake P, Yang A, et al. Sustainability indicators for industrial ovens and assessment using Fuzzy set theory and Monte Carlo simulation［J］. Journal of Cleaner Production, 2017, 140: 1217~1225.

［42］ Ong S K, Vin L J D, Nee A Y C, et al. Fuzzy set theory applied to bend sequencing for sheet metal bending［J］. Journal of Materials Processing Technology, 2017, 69（1 - 3）: 29~36.

［43］ Feng Y, Bao Q, Liu C, et al. Introducing biological indicators into CCME WQI using variable fuzzy set method［J］. Water Resources Management, 2018, 32（5）: 1~15.

［44］ Mostaghel R, Oghazi P. Elderly and technology tools: a fuzzy set qualitative comparative analysis［J］. Quality & Quantity, 2017, 51（5）: 1969~1982.

［45］ Rey-Martí A, Felício J A, Rodrigues R. Entrepreneurial attributes for success in the small hotel sector: A fuzzy-set QCA approach［J］. Quality & Quantity, 2017, 51（5）: 2085~2100.

［46］ 刘建中，谢里阳. 疲劳寿命概率分布的模糊贝叶斯确定方法［J］. 航空学报，1994，15（5）：607~610.

［47］ 王燕飞. 最大熵先验下正态分布模型的 Bayes 模糊假设检验［J］. 数学的实践与认识，2018，48（5）：158~163.

［48］ 吴进煌，刘海波. 基于模糊 Bayes 估计的贮存可靠性分析［J］. 舰船科学技术，2009，31（11）：91~93.

［49］ Wu H C. Bayesian system reliability assessment under fuzzy environments［J］. Reliability Engineering & System Safety, 2004, 83（3）: 277~286.

［50］ 李正，宋保维，毛昭勇. 无失效指数分布参数的模糊加权最小二乘估计［J］. 系统仿真学报，2005，17（6）：98~100.

[51] Lee W C, Hong C W, Wu J W. Computational procedure of performance assessment of life-time index of normal products with fuzzy data under the type Ⅱ right censored sampling plan [J]. Journal of Intelligent & Fuzzy Systems, 2015, 28 (4): 1755～1773.

[52] 王国玉. 电子系统小子样试验理论方法 [M]. 北京：国防工业出版社，2003.

[53] 蔡洪. Bayes 试验分析与评估 [M]. 北京：国防科技大学出版社，2004.

[54] 王宏炜. 三个重要国际贝叶斯组织——SBIES、ASA-SBSS、ISBA 简介 [J]. 统计研究，2008，25 (5)：107～112.

[55] 周继锋，梁胜杰，张克克. 某型武器装备的 Bayes 可靠性验收试验方案研究 [J]. 舰船科学技术，2010，32 (3)：118～120.

[56] 王凤山，张宏军. 基于贝叶斯网络的军事工程毁伤评估模型研究 [J]. 计算机工程与应用，2011，47 (12)：242～245.

[57] 黄龙生，张日权. 0-1 分布的贝叶斯检验在医疗检查中的应用 [J]. 数理统计与管理，2009，28 (6)：1052～1058.

[58] 李晓毅. Bayes 判别分析及其在疾病诊断中的应用 [J]. 中国卫生统计，2004，21 (6)：356～357.

[59] 刘金山，陈镇坤，黄来华. 基于贝叶斯分层混合模型的大脑 FMRI 图像分割 [J]. 数理统计与管理，2015，34 (4)：603～611.

[60] 肖宿，韩国强，沃焱. 贝叶斯框架下的总变分图像去噪算法 [J]. 沈阳工业大学学报，2010 (6)：96～101.

[61] 侯世旺，朱慧明. 基于贝叶斯理论的质量控制图异常模式识别 [J]. 统计与决策，2017 (10)：18～21.

[62] 张宏杰，张建业，隋修武. 基于贝叶斯图像模式识别技术的点焊质量评估 [J]. 焊接学报，2014，35 (1)：109～112.

[63] 孙军，姜诗意，李宏纲. 经济序列变点的 Bayes 分析 [J]. 统计研究，2001，18 (8)：27～31.

[64] 陆璇，张岭松，陈小悦. 利用上市公司公开的财务信息预测未来的销售 [J]. 当代经济科学，2003，25 (1)：44～50.

[65] 朱喜安，郜元兴. 统计指数的贝叶斯方法 [J]. 统计研究，2006，23 (2)：59～62.

[66] 吴喜之. 现代贝叶斯统计学 [M]. 北京：中国统计出版社，2000.

[67] 韦来生. 贝叶斯统计 [M]. 北京：高等教育出版社，2016.

[68] Basu A P, Ebrahimi N. Bayesian approach to life testing and reliability estimation using asymmetric loss function [J]. Journal of Statistical Planning and Inference, 1992, 29 (1－2): 21～31.

[69] Zellner A. Bayesian Estimation and Prediction Using Asymmetric Loss Functions [J]. Publications of the American Statistical Association, 1986, 81: 446～451.

[70] Dey D K, Ghosh M, Srinivasan C. Simultaneous estimation of parameters under entropy loss [J]. Journal of Statistical Planning & Inference, 1987, 15: 347～363.

[71] Pareto V. Cours d Economie Politiqu [M]. Paris: Rouge et Cie, 1897.

[72] 刘宗谦，曹定爱，胡明. Pareto 分布与收入不均等的分析 [J]. 数量经济技术经济研

究, 2003, 20 (12): 79~83.

[73] 金光炎. 两种新的水文频率分布模型: Pareto 分布和 Logistic 分布 [J]. 水文, 2005, 25 (1): 29~33.

[74] 李正农, 曹守坤, 王澈泉. 基于 Pareto 分布的风压极值计算方法 [J]. 空气动力学学报, 2017, 35 (6): 812.

[75] 王炳兴, 高建敏. Pareto 分布中门槛值的确定及其在股票市场中的应用 [J]. 数理统计与管理, 2008 (6): 1034~1038.

[76] 钱艺平, 林祥. 市场风险资产损失服从 Pareto 分布的 VaR 计量 [J]. 统计与信息论坛, 2009, 24 (7): 9~12.

[77] 陈子燊, 刘曾美, 路剑飞. 基于广义 Pareto 分布的洪水频率分析 [J]. 水力发电学报, 2013, 32 (2): 68~73.

[78] Mackay E B L, Challenor P G, Bahaj A B S. A comparison of estimators for the generalised Pareto distribution [J]. Ocean Engineering, 2011, 38 (11): 1338~1346.

[79] Afify W M. On estimation of the exponentiated Pareto distribution under different sample schemes [J]. Statistical Methodology, 2010, 7 (2): 77~83.

[80] Tahir M H, Cordeiro G M, Alzaatreh A, et al. A New Weibull-Pareto Distribution: Properties and Applications [J]. Communications in Statistics-Simulation and Computation, 2014, 45 (10): 3548~3567.

[81] 赵旭. 广义 Pareto 分布的统计推断 [D]. 北京: 北京工业大学, 2012.

[82] 欧阳资生. 极值估计在金融保险中的应用 [M]. 北京: 中国经济出版社, 2006.

[83] 柳会珍, 顾岚. 股票收益率分布的尾部行为研究 [J]. 系统工程, 2005, 23 (2): 74~77.

[84] 桂文林, 徐芳燕. 广义 Pareto 分布尾部厚度的分析与应用 [J]. 统计与决策, 2009 (6): 153~155.

[85] 欧阳资生, 谢赤. 索赔数据的广义 Pareto 分布拟合 [J]. 系统工程, 2006, 24 (1): 96~101.

[86] 马跃, 彭作祥. 广义误差帕累托分布及其在保险中的应用 [J]. 西南大学学报 (自然科学版), 2017, 39 (1): 99~102.

[87] 广义 Pareto 分布在超定量洪水序列频率分析中的应用 [J]. 西北农林科技大学学报 (自然科学版), 2010, 38 (2): 191~196.

[88] 洪家凤. 阈值模型及其在极端低温中的应用 [D]. 扬州: 扬州大学, 2011.

[89] 赵玲玲, 等. 基于广义 Pareto 分布的洪水序列频率分析 [J]. 中山大学学报自然科学版, 2019, 58 (3): 32~39.

[90] Mole N, Anderson C W, Nadarajah S, et al. A generalized pareto distribution model for high concentrations in short-range atmospheric dispersion [J]. Environmetrics, 2010, 6 (6): 595~606.

[91] Shi G, Atkinson H V, Sellars C M, et al. Computer simulation of the estimation of the maximum inclusion size in clean steels by the generalized Pareto distribution method [J]. Acta Materialia, 2001, 49 (10): 1813~1820.

[92] 李纲, 杨辉耀, 郭海燕. 基于极值理论的风险价值度量 [J]. 管理科学, 2002, 15 (5): 40~44.

[93] Lee T H, Saltoğlu B. Assessing the risk forecasts for Japanese stock market [J]. Japan & the World Economy, 2002, 14 (1): 63~85.

[94] 李兰平. 平方误差和 LINEX 损失函数下逆 Rayleigh 分布参数的经验 Bayes 估计 [J]. 统计与决策, 2013 (1): 81~83.

[95] Varian H R. A Bayesian approach to real estate assessment [C]. //Studies in Bayesian Econometrics and Statistics in Honor of Leonard J. Savage (S. E. Fienberg and A. Zellner, eds). North Holland: Amsterdam, 1975: 195~208.

[96] Hwang L C. Second order optimal approximation in a particular exponential family under asymmetric LINEX loss [J]. Statistics & Probability Letters, 2018, 137: 283~291.

[97] Tanaka H. Sufficient conditions for the admissibility under the LINEX loss function in non-regular case [J]. Statistics, 2010, 39 (8-9): 1477~1489.

[98] Takada Y. Sequential point estimation of normal mean under LINEX loss function [J]. Metrika, 2000, 52 (2): 163~171.

[99] Misra N, Meulen E C V D. On estimating the mean of the selected normal population under the LINEX loss function [J]. Metrika, 2003, 58 (2): 173~183.

[100] Sadek A, Sultan K S, Balakrishnan N. Bayesian estimation based on ranked set sampling using asymmetric loss function [J]. Bulletin of the Malaysian Mathematical Sciences Society, 2015, 38 (2): 707~718.

[101] Farsipour N S. Admissibility of estimators in the non-regular family under entropy loss function [J]. Statistical Papers, 2003, 44 (2): 249~256.

[102] 肖小英, 任海平. 熵损失函数下两参数 Lomax 分布形状参数的 Bayes 估计 [J]. 数学的实践与认识, 2010 (5): 227~230.

[103] 王国富. 熵损失函数下两参数广义指数分布形状参数的 Bayes 估计 [J]. 统计与决策, 2010 (1): 154, 155.

[104] 林金官. 一类特殊的指数族分布的参数估计 [J]. 四川师范大学学报 (自然科学版), 2000 (4): 341~345.

[105] Rasheed H A. Bayesian and Non-Bayesian Estimation for the Scale Parameter of Laplace Distribution [J]. Advances in Environmental Biology, 2016, 9 (14): 226~232.

[106] 吕会强, 高连华, 陈春良. 艾拉姆咖分布及其在保障性数据分析中的应用 [J]. 装甲兵工程学院学报, 2002, 16 (3): 48~52.

[107] 潘高天, 王保恒, 陈春良, 等. 艾拉姆咖分布小样本区间估计和检验问题研究 [J]. 数理统计与管理, 2009, 28 (3): 468~472.

[108] 顾蓓青, 王蓉华, 徐晓岭. 艾拉姆咖分布的统计分析 [C] //2011 年全国机械行业可靠性技术学术交流会暨第四届可靠性工程分会第三次全体委员大会论文集, 2011: 65~67.

[109] 龙兵. 不同先验分布下艾拉姆咖分布参数的 Bayes 估计 [J]. 数学的实践与认识, 2015, 45 (4): 186~192.

[110] 龙兵. 艾拉姆咖分布均值比的 Bayes 估计及检验 [J]. 兰州理工大学学报, 2013, 39 (4): 154~157.

[111] 范梓淼, 周菊玲. Mlinex 损失函数下艾拉姆咖分布的 Bayes 估计 [J]. 统计与决策, 2017 (7): 83, 84.

[112] 张月, 周菊玲. NA 样本下艾拉姆咖分布参数的经验 Bayes 检验 [J]. 重庆师范大学学报: 自然科学版, 2017 (2): 49~52.

[113] 汤淑明, 王飞跃. 过程能力指数综述 [J]. 应用概率统计, 2004, 20 (2): 207~216.

[114] 魏世振, 韩玉启. 过程能力指数在质量损失研究中的应用 [J]. 管理工程学报, 2002, 16 (4): 64~66.

[115] 何桢, 孔祥芬, 宗志宇, 等. 基于 MVA 分析的过程能力指数的置信区间研究 [J]. 管理科学学报, 2007, 10 (3): 30~36.

[116] 生志荣. 过程能力指数评价过程能力的可靠性影响因素分析 [J]. 数理统计与管理, 2013, 32 (5): 839~846.

[117] 郑辉, 赵慕泽, 方丽霞. 非正态条件下过程能力指数的仿真研究 [J]. 数学的实践与认识, 2017, 47 (11): 84~92.

[118] 曲文君. 过程能力指数在低压铸造铝合金轮毂品质控制中的应用 [J]. 特种铸造及有色合金, 2012, 32 (8): 67~69.

[119] Juran J M, Gryna F M, Bingham R S J. Quality Control Handbook [M]. New York: McGraw-Hill, 1974.

[120] Kane V E. Process capability indices [J]. Journal of Quality Technology, 1986, 18 (1): 41~52.

[121] Chan L K, Cheng S W, Spiring F A. A new measure of process capability: Cpm [J]. Journal of Quality Technology, 1988, 20 (3): 162~175.

[122] Pearn W L, Kotz S, Johnson N L. Distributional and inferential properties of process capability indices [J]. Journal of Quality Technology, 1992, 24 (4): 216~233.

[123] Montgomery D C. Introduction to Statistical Quality Control [M]. New York: John Wiley & Sons, 1985.

[124] Ahmadi M V, Doostparast M, Ahmadi J. Statistical inference for the lifetime performance index based on generalized order statistics from exponential distribution [J]. International Journal of Systems Science, 2015, 46 (6): 1094~1107.

[125] Lee W C, Hong C W, Wu J W. Computational procedure of performance assessment of lifetime index of normal products with fuzzy data under the type II right censored sampling plan [J]. Journal of Intelligent & Fuzzy Systems, 2015, 28 (4): 1755~1773.

[126] Laumen B., Cramer E. Likelihood Inference for the Lifetime Performance Index under Progressive Type-II Censoring [J]. Economic Quality Control, 2015, 30 (2): 59~73.

[127] Liu M F, Ren H P. Bayesian test procedure of lifetime performance index for exponential distribution under progressive type-II censoring [J]. International Journal of Applied Mathematics and Statistics, 2013, 32 (2): 27~38.

[128] 任海平. 基于熵损失函数和定数截尾情形下一类分布族参数的估计 [J]. 山西大学学

报（自然科学版），2011，34（2）：203～207.

[129] Lawless J F, 著. 寿命数据中的统计模型与方法 [M]. 茆师松，等译. 北京：中国统计出版社，1998.

[130] Ahmed S E, Reid N. Empirical Bayes and likelihood inference [M]. New York：Springer-Verlag, 2001.

[131] 任海平，王国富，王叶芳. 一类分布族的损失函数和风险函数的 Bayes 推断 [J]. 数学理论与应用，2006，26（2）：88～90.

[132] 任海平. 熵损失函数下一类广义分布族参数估计的容许性 [J]. 西北师范大学学报（自然科学版），2010，46（6）：19～22.

[133] 王亮，师义民. 逐步增加Ⅱ型截尾下比例危险率模型的可靠性分析 [J]. 数理统计与管理，2011，30（2）：315～321.

[134] Mahmoodi E, Sanjari Farsipour N. Minimax estimation of the scale parameter in a family of transformed chi-square distributions under Asymmetric quares log error and MLINEX loss functions [J]. Journal of Sciences, Islamic Republic of Islamic, 2006, 17（3）：253～258.

[135] Podder C K, Roy M K, Bhuiyan K J, et al. Minimax estimation of the parameter of the Pareto distribution under quadratic and MLINEX loss functions [J]. Pakistan Journal of Statistics, 2004, 20（1）：137～149.

[136] Calabria R, Pulcini G. Point estimation under asymmetric loss functions for left-truncated exponential samples [J]. Communications in Statistics Theory and Methods, 1996, 25（3）：585～600.

[137] 韩慧芳，杨珂玲，张建军. Pareto 分布中形状参数的估计问题 [J]. 统计与决策，2007（24）：10～12.

[138] Lehmann E L, George Casella. 点估计理论 [M]. 郑忠国，蒋建成，童行伟，译. 2 版. 北京：中国统计出版社，2005.

[139] 杜红军，王宗军. 基于 Asymmetric Laplace 分布的金融风险度量 [J]. 中国管理科学，2013，21（4）：1～7.

[140] 赵成珍，宋锦玲. 跨品种期货套利交易最优保证金比率设计——基于 Copula 函数及极值理论的研究 [J]. 技术经济与管理研究，2014（12）：16～19.

[141] 伯晓晨，沈林成，常文森. 基于拉普拉斯分布模型的 DCT 域图像水印视觉可见性评估 [J]. 电子学报，2003，31（1）：71～74.

[142] 杨海滨，周治平. 基于拉普拉斯分布模型的静止物体检测方法 [J]. 计算机工程与应用，2014，50（14）：160～163.

[143] 徐美萍，段景辉. Laplace 分布参数估计的损失函数和风险函数的 Bayes 推断 [J]. 数学的实践与认识，2009，39（20）：13，14.

[144] 徐美萍，于健，马玉兰. 几种厚尾分布尺度参数的最短区间估计 [J]. 统计与决策，2014（10）：69～71.

[145] 史建红，宋卫星. 测量误差为 Laplace 分布的非线性统计推断 [J]. 系统科学与数学，2015，35（12）：1510～1528.

[146] Rasheed H A, Al-Shareefi E F. Minimax Estimation of the Scale Parameter of Laplace Distri-

bution under Squared-Log Error Loss Function [J]. Mathematical Theory & Modeling, 2015, 5 (1)：183~193.

[147] Lliopoulos G, Mirmostafaee S M T K. Exact prediction intervals for order statistics from the Laplace distribution based on the maximum-likelihood estimators [J]. Statistics, 2014, 48 (3)：575~592.

[148] 张睿. 复合 LINEX 对称损失下的参数估计 [D]. 大连：大连理工大学，2007.

[149] 韦程东，韦师，苏韩. 复合 LINEX 对称损失下 Poisson 分布参数的 Bayes 估计与应用 [J]. 统计与决策，2010 (7)：156, 157.

[150] 韦程东，韦师，苏韩. 复合 LINEX 对称损失下 Pareto 分布形状参数的 E-Bayes 估计及应用 [J]. 统计与决策，2009 (17)：7~9.

[151] 韦师，李泽衣. 复合 LINEX 对称损失下 BurrⅫ分布参数的 Bayes 估计 [J]. 高校应用数学学报，2017, 32 (1)：49~54.

[152] 陈家清. 分布参数的经验 Bayes 统计推断 [D]. 武汉：华中科技大学，2006.

[153] 李少玉. 参数的经验贝叶斯估计问题 [D]. 武汉：华中科技大学，2006.

[154] Thiruvaiyaru D, Basawa I V. Empirical Bayes estimation for queueing systems and networks [J]. Queueing Systems, 1992, 11 (3)：179~202.

[155] 杨杨，吴次芳. 泛长江三角洲区域经济空间差异分析——基于经验贝叶斯修正的空间自相关指数 [J]. 长江流域资源与环境，2011, 20 (5)：513~518.

[156] Mollie A, Richardson S. Empirical Bayes estimates of cancer mortality rates using spatial models. [J]. Statistics in Medicine, 2010, 10 (1)：95~112.

[157] 张云安，明志茂，陶俊勇，等. 基于非齐次 Poisson 过程的多阶段可靠性增长 Bayes 评估研究 [J]. 弹箭与制导学报，2009, 29 (4)：209~212.

[158] 刘琦，冯静，周经伦. 复杂系统可靠性评定先验分布的样条函数估计 [J]. 航空动力学报，2005, 20 (1)：164~168.

[159] 宋保维，赵志草，梁庆卫，等. 鱼雷贮存可靠度预测模型 [J]. 计算机仿真，2011, 28 (6)：18~21.

[160] 曾平，王婷，黄水平，等. 定性临床试验资料 meta 分析的经验贝叶斯模型原理和应用 [J]. 中国卫生统计，2012, 29 (5)：657~660.

[161] 张倩，韦来生. 刻度指数族参数的经验 Bayes 双边检验问题——加权损失函数情形 [J]. 中国科学技术大学学报，2013, 43 (2)：1~10.

[162] 龙兵，周良泽. 定数截尾数据缺失场合下冷贮备串联系统可靠性指标的经验 Bayes 估计 [J]. 数学的实践与认识，2011, 41 (2)：115~121.

[163] 胡俊梅，师义民，覃晓琼. Rayleigh 分布环境因子的经验 Bayes 估计及仿真 [J]. 火力与指挥控制，2010, 35 (2)：154~156.

[164] 黄金超，凌能祥. 一类 Cox 模型参数的经验 Bayes 的双侧检验 [J]. 应用概率统计，2017, 33 (5)：508~516.

[165] 章溢，张先坤，温利民. 方差相关保费原理下风险保费的经验贝叶斯估计 [J]. 应用概率统计，2018, 34 (4)：19~37.

[166] Leng N, Dawson J A, Thomson J A, et al. EBSeq: An empirical Bayes hierarchical model

for inference in RNA-seq experiments [J]. Bioinformatics, 2013, 29 (16): 2073.

[167] Friston K J, Litvak V, Oswal A, et al. Bayesian model reduction and empirical Bayes for group (DCM) studies [J]. Neuroimage, 2016, 128: 413~431.

[168] Szabó B T, Van der Vaart A W, Van Zanten J H. Empirical Bayes scaling of Gaussian priors in the white noise model [J]. Electronic Journal of Statistics, 2013, 7 (3): 991~1018.

[169] Heisterkam S H, Van Houwelingen J C, Downs A M. Empirical Bayesian Estimators for a Poisson Process Propagated in Time [J]. Biometrical Journal, 2015, 41 (4): 385~400.

[170] Mackett R. Empirical Bayes posterior concentration in sparse high-dimensional linear models [J]. Bernoulli, 2015, 14 (2): 192.

[171] Hwang J T G, Zhao Z. Empirical Bayes Confidence Intervals for Selected Parameters in High-Dimensional Data [J]. Journal of the American Statistical Association, 2013, 108 (502): 607~618.

[172] Voda V G. On the inverse Rayleigh distributed random variable [J]. Rep Statist App Res, JUSE, 1972, 19: 13~21.

[173] Mukherjee S P, Maiti S S. A percentile estimator of the inverse Rayleigh parameter [J]. Iapqr Transactions, 1996, 21 (1): 63~65.

[174] Abdel-Monem A A. Estimation and Prediction for the Inverse Rayliegh life distribution. M. Sc. Thesis [D]. Faculty of Education, Ain Shames University, 2003.

[175] Dey S, Dey T. Bayesian estimation and prediction on inverse Rayleigh distribution [J]. International Journal of Information and Management Sciences, 2011, 22 (4): 343~356.

[176] Soliman A, Amin E A, Abd-Elaziz A A. Estimation and prediction from inverse Rayleigh distribution based on lower record values [J]. Applied Mathematical Sciences, 2010, 4 (62): 3057~3066.

[177] Lawless J F. 寿命数据中的统计模型与方法 [M]. 茆师松, 等译. 北京：中国统计出版社, 1998.

[178] 周晓东, 汤银才, 费鹤良. 删失数据场合 Weibull 分布参数的 Bayes 统计分析 [J]. 上海师范大学学报（自然科学版）, 2008, 37 (1): 28~34.

[179] Susarla V, Van Ryzin J. Empirical Bayes estimation of adistribution (survival) function from right censored observations [J]. Ann Statist, 1978, 6: 740~754.

[180] Susarla V, Van Ryzin J. Empirical Bayes procedures with censored data, Adaptive Statistical Procedures and Related Topics, (Ed. J. Van Ryzin), IMS Lecture Notes-Monograph Series, 1986, 8: 219~234.

[181] Liang T C. Empirical Bayes estimation with random right censoring [J]. International Journal of Information and Management Sciences, 2004, 15: 1~12.

[182] Liang T C. Empirical Bayes testing with exponential random right censoring [J]. Information and Management Sciences, 2006, 17 (2): 71~84.

[183] Friesl M. Estimation in the Koziol-Green Model using a gamma process prior [J]. Austrian Journal of Statistics, 2006, 26 (23): 253~260.

[184] 王立春. 随机删失下经验贝叶斯估计的渐近最优性 [J]. 数学物理学报, 2006, 26

(6): 938~947.

[185] Wang L C. Monotone empirical Bayes test for scale parameter under random censorship [J]. Chinese Journal of Appliied Probability and Statistics, 2007, 23 (4): 419~427.

[186] Thompson J R. Some shrinkage techniques for estimating the mean [J]. Journal of American Statistical Association, 1968, 63: 113~122.

[187] Qabaha M. Ordinary and Bayesian shrinkage estimation [J]. An-Najah Univ. J. Res. (N. Sc.), 2007, 21: 101~116.

[188] Prakash G, Singh D C. A Bayesian shrinkage approach in weibull Type-II censored data using prior point information [J]. REVSTAT-Statistical Journal, 2009, 7 (2): 171~187.

[189] Prakash G, Singh D C. Bayesian shrinkage estimation in a class of life testing distribution [J]. Data Science Journal, 2010, 8: 243~258.

[190] Pandey M, Upadhyay S K. Bayesian shrinkage estimation of reliability in parallel system with exponential failure of the components [J]. Microelectronics Reliability, 1985, 25 (5): 899~903.

[191] Zellner A. Bayesian shrinkage estimates and forecasts of individual and total or aggregate outcomes [J]. Economic Modelling, 2010, 27 (6): 1392~1397.

[192] Willan A R, Pinto E M, O'Brien B J, et al. Country specific cost comparisons from multinational clinical trials using empirical Bayesian shrinkage estimation: The Canadian ASSENT-3 economic analysis [J]. Health Economics, 2010, 14 (4): 327~338.

[193] Singh H P, Saxena S. Bayesian and shrinkage estimation of process capability index Cp [J]. Communication in Statistics-Theory and Methods, 2005, 34 (1): 205~228.

[194] Balakrishnan N, Aggarwala R. Progressive Censoring: Theory, Methods and Applications [M]. Boston, Berlin: Birkhauser, 2000.

[195] Dey S, Dey T. Statistical Inference for the Rayleigh distribution under progressively Type-II censoring with binomial removal [J]. Applied Mathematical Modelling, 2014, 38 (3): 974~982.

[196] Nelson W. Applied Life Data Analysis [M]. New York: John Wiley, 1982.

[197] Balakrishnan N, Lin C T. On the distribution of a test for exponentiality based on rogressively type-II right censored spacings [J]. Journal of Statistical Computation and Simulation, 2003, 73: 277~283.

[198] Martz H F, Weller R A. A Bayesian zero-failure (BAZE) reliability demonstration testing procedure [J]. Journal of Quality Technology, 1979, 11 (3): 128~137.

[199] 韩明. 无失效数据的可靠性进展 [J]. 数学进展, 2002, 31 (1): 7~19.

[200] 张志华. 无失效数据的统计分析 [J]. 数理统计与应用概率, 1995, 10 (1): 94~101.

[201] 韩明. 先验分布的构造方法在无失效数据可靠性中的应用 [J]. 运筹与管理. 1998, 7 (4): 19~22.

[202] 韩明. 多层先验分布的构造及其应用 [J]. 运筹与管理, 1997, 6 (3): 31~40.

[203] 赵海兵, 程依明. 指数分布场合下无失效数据的统计分析 [J]. 应用概率统计, 2004,

20 (1)：59~65.

[204] 徐天群，陈跃鹏，徐天河，等. 无失效数据情形指数分布可靠性参数的估计 [J]. 统计与决策，2012 (5)：19~22.

[205] 韩明. 无失效数据情形指数分布失效率的 E-Bayes 估计 [J]. 数学的实践与认识，2015，45 (5)：172~178.

[206] 曲晓燕，吕晓峰，李小晨. 某型机载电子设备无失效数据可靠性研究 [J]. 舰船电子工程，2012，32 (12)：98~100.

[207] 张志强，何勇灵，王秋芳，等. 无失效数据的特种车辆动力系统可靠性分析 [J]. 车辆与动力技术，2013 (3)：51~54.

[208] 李彪，刘敬蜀，刘丹. 熵损失下无失效数据的 Bayes 估计 [J]. 海军航空工程学院学报，2013 (5)：577~580.

[209] 赵海兵，程依明. 指数分布场合下无失效数据的统计分析 [J]. 应用概率统计，2004，20 (1)：59~65.

[210] 张忠占，杨振海. 无失效数据的处理 [J]. 数理统计与应用概率，1989，4 (4)：507~516.

[211] 韩明. 二项分布无失效数据可靠度的多层 Bayes 估计 [J]. 运筹与管理，1999，8 (2)：12~15.

[212] 周源泉. 一种有用的概率分布——负对数伽玛分布 [J]. 系统工程与电子技术，1992 (4)：66~76.

[213] 熊福生. 对数伽玛与负对数伽玛分布的再生性 [J]. 经济数学，2003，20 (4)：63~69.

[214] 吴道明. 恒定应力加速寿命试验下负二项抽样产品可靠性的 Bayes 分析 [J]. 华侨大学学报：自然科学版，1989，10 (3)：254~265.

[215] 韩明，赵仁杰. 成败型无失效数据的可靠性分析 [J]. 信息工程大学学报，1992，12 (3)：27~35.

[216] Ahsanullah M. Record Values Theory and Applications [M]. Lanham：University Press of America，2004.

[217] Ali M M，Jaheen Z F，Ahmad A A. Bayesian estimation, prediction and characterization for the Gumbel model based on records [J]. Statistics，2002，36：65~74.

[218] Jaheen Z F. A Bayesian analysis of record statistics from the Gompertz model [J]. Appl Math Comput，2003，145：307~320.

[219] Ahmadi J，Doostparast M. Bayesian estimation and prediction for some life distributions based on record values [J]. Stat Pap，2006，47：373~392.

[220] Asgharzadeh A. On Bayesian estimation from exponential distribution based on records [J]. The Korean Statistical Society，2009，38 (2)：125~130.

[221] 孔令军，宋立新，陈岩波. 对称熵损失下指数分布的参数估计 [J]. 吉林大学自然科学学报，1998，2：9~14.

[222] 韦博成. 参数统计教程 [M]. 北京：高等教育出版社，2006.

[223] Hesamian G，Shams M. Parametric testing statistical hypotheses for fuzzy random variables

[J]. Soft Computing, 2015, 20 (4): 1~12.

[224] Adjenughwure K, Papadopoulos B. A new hybrid fuzzy-statistical membership function based on fuzzy estimators [J]. Journal of Intelligent & Fuzzy Systems, 2016, 30 (5): 2761~2771.

[225] Akbari M G, Mohammadalizadeh R, Rezaei M. Bootstrap statistical inference about the regression coefficients based on fuzzy data [J]. International Journal of Fuzzy Systems, 2012, 14 (4): 549~556.

[226] Parchami A, Taheri S M, Mashinchi M. Testing fuzzy hypotheses based on vague observations: a p-value approach [J]. Statistical Papers, 2012, 53 (2): 469~484.

[227] 汤胜道, 殷世茂. 正态分布下参数的模糊贝叶斯估计 [J]. 南京师大学报 (自然科学版), 2015, 38 (1): 13~20.

[228] 张兴媛, 潘洪亮, 董德存. Bayes 估计中模糊先验信息的一类定量描述方法 [J]. 同济大学学报 (自然科学版), 2012, 40 (5): 775~778.

[229] 魏立力, 张文修. 两参数指数分布模型多重模糊假设检验的贝叶斯方法 [J]. 系统工程, 2002, 20 (2): 1~5.

[230] Lee W C, Hong C W, Wu J W. Computational procedure of performance assessment of lifetime index of normal products with fuzzy data under the type II right censored sampling plan [J]. Journal of Intelligent & Fuzzy Systems, 2015, 28 (4): 1755~1773.

[231] Hesamian G, Chachi J. Two-sample Kolmogorov-Smirnov fuzzy test for fuzzy random variables [J]. Statistical Papers, 2015, 56 (1): 61~82.

[232] 田艳芳. 模糊结构可靠性分析及假设检验 [D]. 西安: 西北工业大学, 2007.